彩图1 鲜食花生穴盘育苗

彩图3 鲜食花生大棚栽培

彩图2 鲜食花生露地栽培

彩图4 鲜食花生烧苗（闪苗）

彩图 5　鲜食花生疮痂病

彩图 6　鲜食花生褐斑病

彩图 7　鲜食花生菌核病

彩图 8　鲜食花生蓟马危害

彩图9　鲜食花生采收

彩图 10　采收后的鲜食花生

许林英　张琳玲　主编

# 鲜食花生
# 品种和高效栽培
## 管理技术

XIANSHI HUASHENG PINZHONG HE
GAOXIAO ZAIPEI GUANLI JISHU

中国农业出版社
北　京

**Xianshi Huasheng**
*Pinzhong he Gaoxiao Zaipei Guanli Jishu*

**主　　编：** 许林英　张琳玲

**副 主 编：** 戚自荣　　王旭强　　张立权　　龚燕京　　蔡娜丹
　　　　　　张　庆　　张　瑞　　李水凤

**参编人员**（按姓氏笔画排序）：

马小福　　王　涛　　王小明　　王双女　　王伟毅

王亦军　　王佳薇　　王显栋　　毛国孟　　史　骏

冯洁琼　　戎雪利　　许俊勇　　孙红红　　吴雪荣

何翠球　　余文慧　　沈建军　　张水根　　张建春

陈亚萍　　陈西凤　　陈江辉　　范明亮　　金海元

郑　利　　郑　洁　　房聪玲　　孟秋峰　　郝芳敏

袁胜逸　　翁　颖　　高丹娜　　诸亚铭　　崔凤高

崔萌萌　　章吉萍　　程林润　　程建慧　　童纪氚

谢士杰　　裘建荣　　潘雪央　　魏莎莎

# 前 言 FOREWORD //////////

花生是我国主要的油料作物，具有抗旱、耐瘠、适应性强等优点。2018年，我国花生产量达到1 733.2万吨。我国花生在世界市场上具有较强的竞争优势，主要表现为产量、出口量和价格等方面，出口范围已由原来的东南亚地区逐渐扩展到欧美等发达地区。

浙江省属于长江流域春夏花生交作区，地处我国东南沿海长江三角洲南翼，属亚热带季风气候，季风气候显著，四季分明，夏季高温多雨，冬季晴冷少雨，年平均气温为15～18℃。花生属喜温作物，适宜生长温度为15～33℃。2018年，浙江省花生种植面积为23.76万亩，产量为4.74万吨。主要分布于宁波、绍兴和温州，其他各地均有零星种植。浙中和浙南山区花生品种以中、小果型品种为主，以干食为主，鲜食以荚果饱果率达80%～90%时煮食。浙北地区花生品种以中、大果型品种为主，以鲜食为主。浙江省露地花生最适播种时间为4月底至8月初，供应时间为7月中旬至11月中旬。生产季节的相对集中和栽培方式的单一，严重制约着鲜食花生产业的发展。为进一步加强对鲜食花生生产的理论与实践指导，本书编写团队从实际出发，针对我国鲜食花生生产现状，结合多年来的研究与实践，总结出一套利用三膜覆盖技术延长花生生长期的方法，并编写了《鲜食花生品种和高效栽培管理技术》一书。

　　本书第一章、第二章、第四章部分内容、第六章由慈溪市农业技术推广中心许林英撰写；第三章及第四章部分内容由山东省花生研究所崔凤高撰写；第五章由浙江省农业机械研究院王涛撰写；李水凤、孟秋峰、郝芳敏提供了相关照片和资料；张琳玲、龚燕京、张立权等参与了有关资料的整理工作。部分基层农技人员和示范大户提供了大棚搭建及种植的实践经验。

　　本书由宁波市科技局和慈溪市科技局项目资助，特此感谢！

　　由于时间和水平有限，书中疏漏之处在所难免，恳请广大读者批评指正。

编　者<br>2020 年 10 月

# 目 录 CONTENTS ///////////

前言

# 第一章

# 概　述

## 第一节　花生经济价值

花生，拉丁名为 *Arachis hypogaea* Linn.，英文名为 peanut 或 groundnut，在中国各地别名很多，如落花生、长生果、金果、长寿果、长果、无花果、地果、番果、番豆、地豆、唐人豆、花生豆、落花参、落地松等。花生是人民生活中重要的优质植物油脂和蛋白质来源，近年来嫩果又作为重要的蔬菜，在国民经济和社会发展中占有重要地位。

作为油料作物，花生仁的含油量在一般在 50% 左右，出油率在 40% 以上，仅次于芝麻（芝麻的含油量平均为 54%，出油率在 48% 左右），高于油菜、大豆。目前，国内花生主要为油用，每年花生总产量 50% 以上用于榨油。花生油属高级保健营养食用油，品质好、气味清香、香味纯正、淡黄透亮而且营养丰富（20% 的饱和脂肪酸为热量源，80% 的不饱和脂肪酸是人体不可缺少的营养物质）。花生油含有人体必需的油酸、亚油酸、亚麻酸、花生油四烯酸等多种不饱和脂肪酸，对于降低人体血液中的胆固醇和预防心脑血管疾病有重要作用。其中，油酸（oleic acid）含量为 34%～68%、亚油酸（linoleic acid）含量为 19%～43%，亚麻酸约 0.4%，花生烯酸约 0.7%。花生油中油酸和亚油酸的比值（以下简称 O/L 值）变幅为 0.78～3.50。一般认为，O/L 值是油质稳定性的指示值，国际贸易中把 O/L 值作为花生及其制品耐储藏性的指标。因此，O/L 值是食品营养品质的重要指标，兼顾营养价值和耐储藏性，O/L 值一般以 1.4～2.5 为宜。

花生油的特点是耐高温。豆油、菜籽油油温高于 200℃，即发生一系列化学变化，生成一些有害物质；而花生油油温达到 250℃，性状仍未有明显变化，被营养专家誉为最安全的食用油，比较适合煎、炸、爆、熘等高温烹饪。

作为炒货和糕点糖果辅料，花生仁含蛋白质 22%～37%，其蛋白质含量是稻米的 3.5 倍、玉米的 2.9 倍、小麦的 2.2 倍，仅次于大豆。其中，球蛋白为 92%～95%，易被人体吸收利用；含 18 种氨基酸，包括人体不能自身合成的 8 种必需氨基酸和婴儿必需的组氨酸。除蛋氨酸含量较少外，其他均接近和超过世界卫生组织（WHO）规定的标准。花生仁含碳水化合物 6%～23%、纤维素 2%，富含维生素 E、维生素 $B_1$、维生素 $B_2$、维生素 $B_3$、维生素 C、叶酸，抗衰老物质白藜芦醇以及钙、磷、铁等。每 100 克花生仁含维生素 $B_1$ 0.72 毫克，是大豆的 1.8 倍、小麦的 1.5 倍、玉米的 3.5 倍、稻米的 6.5 倍。花生仁中维生素 E 含量较高，维生素 E 的含量是谷类作物的 4～10 倍。花生性温，具有健脾和胃、润肺化痰、开胃醒脾、益气止血的功效，有益于心脑血管的保健，可降血压与血脂、预防血管硬化、降低心脏病危险、防治脂肪肝。

作为饲料，花生油粕中蛋白质含量高达 50% 以上，是优质的精饲料。花生叶片内粗蛋白含量约 20%，茎内约 10%，并含丰富的钙和磷。花生果壳中含 70%～80% 的纤维素、10% 的半纤维素、4%～7% 的粗蛋白，也是良好的饲用原料。

作为蔬菜，花生嫩果在 20 世纪 90 年代开始在长江流域逐渐流行，作为家常蔬菜搬上餐桌，一般以花生嫩果率达到 60%～90% 时煮食，并开始在各地餐馆盛行，经济效益远高于油用和炒食。

我国花生品质优良，在国际市场上具有较强的竞争力，常年年出口量为 30 万～50 万吨，约占世界贸易总量的 13%，居世界第一。大果型花生出口品种主要有花育 17 号、鲁花 10 号等（以荚果为主，O/L 值在 1.4 左右）；小果型花生出口代表品种为白沙 1016（以花生仁为主，O/L 值在 1.0 左右）。

花生茎叶、果壳、种皮、籽仁都具有较高的药用价值。花生的种皮（红衣）含有大量的凝血脂类，能促进骨髓制造血小板，缩短出血、凝血时间，有良好的止血作用，已用于生产药品"血宁"，花生壳的内含物具有降血压、降血脂等功效。

据美国宾夕法尼亚大学 Kris-Etherton 教授研究，长期食用花生油及花生制品者患心血管疾病的概率会减少 21%。美国科学家在花生中发现了白藜芦醇，花生根中白藜芦醇的含量是葡萄酒中的 10 倍至数百倍。白藜芦醇对于治疗心脑血管疾病、抗癌等方面具有较大意义。同时，美国卫生机构建议中老年人多吃花生制品，能够预防老年性痴呆。

中国预防医学科学院发布的食物成分表显示，每百克花生油中锌元素含量高达 8.48 毫克，是色拉油的 37 倍、菜籽油的 16 倍、大豆油的 7 倍。

# 第二节　花生种植分布

## 一、世界花生种植分布

花生主要分布在南纬 40°至北纬 40°之间的广大地区。主要集中在两类地区：一类是南亚和非洲的半干旱热带，另一类是东亚和美洲的温带半湿润季风带。世界上，花生基本上分布于亚洲、非洲和美洲，这 3 个地区的花生产量占世界总产量的 99%以上。其中，2004 年亚洲的花生产量为 2 400.6 万吨，占世界总产量的 67.20%，主要生产国是中国、印度、印度尼西亚和缅甸，产量分别是 1 438.5 万吨、650.0 万吨、145.0 万吨和 71.5 万吨，占世界总产量的比值分别为 40.27%、18.20%、4.06%

和 2.00%。中国和印度分别是世界第一和第二花生生产大国，印度尼西亚排在第五位。2004 年非洲的花生产量为 880.7 万吨，占世界总产量的 24.65%，主要生产国尼日利亚的产量为 392.7 万吨，占世界总产量的 8.22%，排在世界花生生产国的第三位。南美洲和北美洲的花生产量占世界总产量的 7.2%，主要生产国是美国和阿根廷。2012 年全球花生种植面积约为 2 183 万公顷，世界上种植花生的国家有 100 多个，在种植面积上，印度、中国、尼日利亚、苏丹、缅甸、塞内加尔、印度尼西亚、美国、刚果、加纳为十大花生主产国，这 10 个国家的种植面积超过全球花生总种植面积的 85%。

## 二、我国花生种植分布

我国花生的分布非常广泛，南起海南，北到黑龙江，东自台湾，西达新疆，都有花生种植。但是，由于其生长发育需要一定的温度、水分和适宜的生育期，因此生产布局又相对集中。2008—2012 年，种植面积达 150 万亩* 的省份有豫、鲁、冀、粤、辽、川、皖、桂、鄂、赣、吉、湘、苏、闽 14 个，它们的种植面积占全国的 93.5%，总产量占全国的 96.0%，成为我国花生的主要产地。其中，南方 9 个省份的花生年种植面积超过 150 万亩，种植面积总计占全国的 35.8%，总产量占全国的 30.3%。

根据我国各地的地理条件、气候条件、花生耕作栽培制度和品种类型的分布特点以及生产发展的趋势，将我国花生产区分为 7 个区：北方大花生区、长江流域春夏花生交作区、南方春秋两熟花生区、云贵高原花生区、黄土高原花生区、东北早熟花生区和西北内陆花生区。并在此基础上，根据地势、土质、品种分布和栽植制度，将北方大花生区分为黄河冲积平原亚区、辽东半岛

---

* 亩为非法定计量单位。1 亩＝1/15 公顷。

及山东丘陵亚区、淮北麦套花生亚区 3 个亚区;将长江流域春夏花生交作区分为长江中下游北部平原亚区、长江中下游南部丘陵亚区、四川盆地亚区 3 个亚区。

2018 年,我国花生产量达到 1 733.2 万吨。我国花生在世界市场上具有较强的竞争优势,主要表现为产量、出口量及价格等方面,出口范围已由原来的东南亚地区逐渐扩展到欧美等发达地区。品质问题仍是影响我国花生国际竞争力的重要因素,出口花生品质直接影响产品在国际市场上的竞争力和出口效益。近年来,国内油料持续上涨,花生收购价格呈增长趋势,农户种植效益得以提升,种植积极性增强,花生种植面积随之增加。2018 年,我国花生种植面积增长到 6 929.49 万亩。花生分布区域较为广泛,全国除西藏、青海、宁夏外都有种植。目前,我国花生种植主要分布在华东、华南、华北和华中地区,河南和山东是我国最大的两个花生种植省。

## 三、浙江省花生种植分布

浙江省花生种植面积不多,关于花生种植的记载较晚,多见于清末《上虞县志》《武康志》《衢州府志》《象山县志》等,都说"种自闽来"。《缙云县志》(1876)说"落花生。嘉庆初始种"。《慈溪农业志》(1992)记载"清光绪五年,从闽引入"。估计实际种植时间要早得多。清末,又引入大粒种,主要以食用作炒货或糖果糕点辅料。浙江省位于我国东南沿海地区,花生种植面积是仅次于油菜和大豆的油料作物,无论是炒货、花生油还是花生多功能食品,省内外市场需求的潜力都十分巨大。长期以来,浙江省对花生的科技投入不足,基础性研究缺乏,花生产业的发展后劲乏力,使花生科研工作无法满足花生产业发展的需要。2018 年,浙江省花生种植面积为 23.76 万亩,产量为 4.74万吨。主要分布于宁波、绍兴和温州,其他各地均有零星种植。其中,宁波市种植面积超过 10 万亩。浙中和浙南山区花生品种以中、小果型品种为主，以干食为主，鲜食以荚果饱果率达80%～90%时煮食，主栽品种有小京生和天府系列花生，浙江省绍兴市新昌县每年种植小京生面积约为4.95万亩。浙北地区花生品种以中、大果型品种为主，以鲜食为主，荚果饱果率60%～70%时煮食，主栽品种有四粒红和豫花系列花生。

## 四、慈溪市花生种植分布

慈溪市的花生种植区域属长江中下游北部平原亚区，清光绪五年（1879）从福建引入。沿海于清末始在河塘、杂地、田边、地角零星种植，以作炒食为主。据《慈溪农业志》记载，1936年面积约4 400亩，亩产150千克左右；1992年面积达16 200亩，亩产188千克，以干果自食为主；1993年开始以收鲜果，作蔬菜为主，鲜果亩产350千克左右，夏收一年一季或春、夏一年两季为主。截至目前，面积已达5万亩以上，鲜果亩产在400千克以上。自2018年开始，主要栽培模式有早春三膜覆盖、二膜覆盖、小拱棚、春季地膜、夏季地膜和秋冬季三膜覆盖，由原来的一年一季或两季，发展到一年多季，实现了鲜食花生周年化生产。慈溪市各地鲜食花生均有栽培，花生种植主要分布于逍林、坎墩、长河及周巷一带。土壤类型主要有黄泥翘土（黏土）、夜潮土、半夜潮土、盐碱土、红黄壤和水稻土。逍林镇一带以黏土和半夜潮土为主，常年栽植面积在1.5万亩左右。坎墩街道和长河镇则以夜潮土为主，种植面积均在1万亩以上。

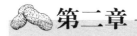

# 第二章

## 花生的起源、传播和中国花生的栽培史

## 第一节  花生的起源和传播

花生（peanut），为豆科蝶形花亚科合萌族柱花草亚族花生属草本植物，别名落花生、长生果、长果、番豆等，历史上曾有落地松、万寿果和千岁子等名称的记载。茎直立或匍匐，长30～80厘米，翼瓣与龙骨瓣分离，荚果长 2～5 厘米，宽 1～1.3 厘米，膨胀，荚厚，花果期 6～8 月。花生属（*Arachis*）原产于南美洲，由一大批二倍体种（$2n=20$）和少量四倍体（$2n=40$）组成。开花后形成果针入土结果，是花生属植物区别于其他植物的根本特征。栽培种花生（*Arachis hypogaea* Linn.）为异源四倍体，是由二倍体野生种杂交演化而来，是花生属中唯一具有经济价值并被广泛种植的物种。

长期以来，有关栽培种花生的起源和传播问题，国际上学者间有以下不同的看法：

### 一、非洲起源说

Thephrastus 和 Pliny 曾认为花生起源于非洲，他们的依据是埃及和地中海沿岸地区有一种名为"Arachidna"的地下结实植物。但 Chevalier 认为他们并未见过真正的花生，而仅是在文字考证中将希腊文的 Arachidna 误为"Arachis"（花生）。实际上，埃及当地土语称花生为"Ful Suan"，是新近引入埃及之意。

Candle（1982）认为如果花生起源于非洲，那么这一如此有益而又具有如此独特性状的植物在埃及绝迹是件不可思议的事情。Badami（1936）翻阅过 Forskol 所编著的《埃及植物名录》和 Poospero Alpini 编著的《埃及植物志》，均未见有关花生的记载。可见，花生起源于非洲的论点是不成立的。Chevalier（1933）认为在哥伦布发现美洲以前，没有证据能证明非洲有花生存在。中古时期，欧洲与非洲的接触已十分频繁，如果花生原产非洲，则欧洲在哥伦布发现新大陆之前就势必有花生的记载。现已证明，非洲的花生实际上是 16 世纪初期葡萄牙的船只往返于巴西和非洲西海岸之间而从美洲引入的，并且伴随殖民地和贸易港口的建立，南美洲引出和非洲引入的地点增多。到 1522 年前后，花生传到非洲东海岸，以后随着旅行家和殖民者的增多，花生的传播越发广泛和普遍。

## 二、中国起源说

有人认为花生起源于中国，主要依据是曾在陕西省咸阳市秦都区张家湾汉景帝阳陵的考古挖掘中发现了类似花生种子的炭化物。这是目前考古发现我国花生历史的最早年代（公元前 141 年）。有人曾在中国浙江和江西的考古挖掘物中发现有似花生荚果和种子的化石。1958 年，在浙江吴兴钱山洋原始社会遗址中，发掘出炭化花生种子。20 世纪 60 年代初期，当时学术界一些人士分别在《人民日报》《光明日报》和有关学术刊物上阐述了花生起源于中国的观点。但除了上述似花生的化石材料外，缺乏其他佐证，难以令人信服。80 年代广西壮族自治区也发现了类似的化石。从目前掌握的材料来分析，中国有数千年的文明历史，从原始社会起人们在谋求生存的过程中利用或驯化野生动植物，必然会在各种文化遗产中有蛛丝马迹可供后人追寻。然而，在唐朝以前的数千年历史文字记载或实物中尚未见任何花生的线索。现可见到的关于花生的最早文字材料是约 1 000 年前唐朝段成式撰写的《酉阳杂俎》中的有关叙述。因而，从作物起源的诸多因素来考虑，如野生植物群落、编年史纪、古文化（文字、绘画、雕刻、雕塑）以及社会学、文字语言等方面的综合考证，很难确认花生原产于中国。至于考古学中所发现的化石，目前仅可认为花生在中国可能古已有之，对这些化石的来龙去脉尚待进一步研究。

## 三、南美起源说

花生野生种原产于南美洲的部分地区，东起南美洲东岸，西至安第斯山麓，北临亚马孙河口，南至乌拉圭 34°纬度的地区，分布范围覆盖巴西、巴拉圭、阿根廷、玻利维亚和乌拉圭等国家。许多学者历时数十年从考古学、植物群落学、人文学和语言学等诸多方面作出了一致的结论。最为突出的是，美国的 W. C. Gregory 和 M. P. Gregory 以及阿根廷的 A. Krapovickas 等人多次组团前往南美洲有关地区作了全面的调查，为确认花生的原产地、澄清花生属植物的分布和建立花生的分类系统作出了极大的贡献。由于历史、地理和社会方面的诸多原因，中国学者至今未曾在自然界中发现野生花生种。因此，涉及有关花生原产地的调查研究工作以及关于花生起源问题的叙述仅以国际上已发表的文献为依据。

哥伦布发现新大陆之后的 16～17 世纪，欧洲的许多有关通史和自然史均有关于花生的记载和描述。1502 年，Bartolome De Las Casas 随西班牙新总督 Ovando 乘船到达南美洲的伊斯帕尼奥拉岛（即海地岛），在那里担任牧师多年。他亲自种植花生，大约在 1527 年开始撰写《护教史》，书中对土著居民称为"Mani"的花生作了明确的说明。但该书一直延迟到 1875 年才出版。

1513 年，奥维多船长来到伊斯帕尼奥拉岛，担任总督和西印度编年史官，1525 年写成《西印度纲要》，1535 年又出版了《西印度自然通史》。在这两书中首次报道了花生的印第安语

"Mani"和它的植物形态。

1532 年印加王国被征服后，新大陆上的征服者们曾在印第安人部落中发现人工栽培的花生，如玻利维亚东部的莫佐人（Mojo）就在海滨沙地上种植花生。据 Metranx 记述，图宾南巴人很早就把花生当作食用植物来种植。有关南美洲土著人种植花生的事例还有很多。从人种学可以佐证南美洲在哥伦布发现美洲大陆以前，早就有花生的栽培。

考古学家在南美洲大陆上曾经挖掘出许多有关古代即已存在花生的证据，尤其在秘鲁沿海无雨地带的史前遗迹废墟中，这类证据更多。Squier（1877）报道在靠近秘鲁的利马海岸的史前墓葬中发现许多陶器装有食物，其中就有花生荚果，与现在的栽培种花生相似，为公元前 750—前 500 年的遗物。Bird（1949）在位于南纬 25°左右的奇马卡河谷海岸有关陶器时代以前的考古挖掘物中，发现一些式样不同的随葬瓶缸上有花生荚果的浮雕，在另一墓穴出土物中发现一个柄上有彩绘花生的泥盘。据鉴定，为公元前 2000—前 1500 年间的遗物。据此可以说明，花生至少有 3 000～3 500 年的栽培史。

1570—1578 年，住在巴西的葡萄牙植物学家 G. S. DeSouza 首次详尽描述了花生植株、栽培和加工。他是发现南美大陆后 200 年间唯一对花生作出正确描述的学者，但他的著作一直到 1825 年才得以出版问世。

1825 年，Candle 确认花生属植物起源于南美洲。同时，Bentham 于巴西的不同地区发现了这个属的 6 种野生植物，并据此编入《巴西植物志》，但并未发现野生状态的栽培种花生。所以，他认为栽培种花生可能是由这些野生种演化来的。

根据国际上现有的收集和研究，花生属可能存在 60～70 个种（species），它们分布在巴西、巴拉圭、乌拉圭、阿根廷和玻利维亚等国家，相当于南纬 0°～35°、西经 35°～66°、亚马孙河以南、安第斯山麓到太平洋沿岸。在南美洲以外的其他任何地方均未曾发现有花生属植物的踪迹。

阿根廷诺德斯特国立大学教授 Krapovickas 在南美洲 30 余年广泛旅行、考察、采集花生近缘野生植物的研究结果认为，栽培种花生起源于玻利维亚的南部和阿根廷的西北部安第斯山麓或丘陵一带。他还将南美洲的栽培花生分为 6 个地理群落，认为在这些次生中心的品种由于地理上的隔离产生了不同程度的遗传分化，从而形成了目前的花生品种类型。这个中心有相当久远的花生栽培史，而且是栽培种花生一个亚种的变异中心。玻利维亚的 Mantin（1969）支持这个观点。但也有人认为，安第斯山麓可能是发现新大陆之后花生的传播中心。目前的考证倾向于将玻利维亚的拉普拉塔河流域一带作为花生的起源地。这个结论推翻了 Chevalier（1933）关于花生起源于巴西的假说。栽培种花生的确切起源中心仍然是个谜，尚待科学家进一步研究探讨。

花生属植物可能有 60～70 个物种，但许多物种迄今尚未能进行正确的描述。据 Krapovickas 和 Gregory 的研究，花生属大部分是二倍体植物（$2n=2x=20$），依据亲缘关系分为 7 个区组，栽培种花生属于花生区组。这个区组包括有一年生和多年生的二倍体植物和两个异源四倍体植物（$2n=4x=40$）。其中，山地野花生（Arachis monticola）来自阿根廷北部，是一个与栽培种花生形态上相似且可自由杂交的多年生植物；另一个即为栽培种花生（Arachis hypogaea），据推断 A. monticola 可能是双二倍体种原始祖先现存的野生后裔。

Husted（1936）和 Smart（1964）的研究认为，栽培种花生可能是两个二倍体种杂交的结果，是一个源于偶然的减数分裂形成的多倍体，也是一个区段异源四倍体。Krapovickas 认为，栽培种花生的原始祖先可能是花生区组中的一年生二倍体植物，且与 A. villosa 或其他植物种有密切的关系。

美国花生专家 R. O. Hammons 综合各方面学者对编年史的

研究、考古学的发现以及花生近缘野生植物自然群落的分布等调查研究，曾在美国花生研究与教育协会（APRES）出版的《花生栽培与利用》（1973）和《花生的科学与技术》（1982）两本书中有详细的阐述，可供进一步的研究参考。

## 四、花生的传播

自从有了人类以来，随着生存地域的扩大以及人类相互交往的发展，有益动植物的人为迁移和交换就成为必然的现象。花生作为美洲大陆的古老栽培植物，且具有非常独特的结实性状和良好的食用品质，势必成为人们喜爱的植物并广泛交换和馈赠。

花生究竟是何时、怎样传播出去的，由于缺乏哥伦布前期的记事资料，而多为推测。Badami（1935）认为，花生是由巴西经过秘鲁、阿根廷而抵圭亚那，由圭亚那又传向牙买加、古巴以及其他美洲岛屿；从秘鲁传向哥斯达黎加和墨西哥，沿着贸易路线而入巴拿马。

葡萄牙人从巴西将花生传入非洲的塞内加尔和冈比亚，而后才传入非洲其他地区。Brown（1818年）认为，非洲东海岸的花生从莫桑比克传入坦桑尼亚的桑给巴尔，沿海岛屿可能来自马里，是由秘鲁传入的；而非洲北海岸的花生则是由西班牙和葡萄牙传入的。

Higgins（1951）认为，16世纪早期由葡萄牙人或西班牙人将花生传入亚洲的印度和马来群岛。第一条路线是继西班牙殖民者之后，墨西哥统治过菲律宾，而后开始墨西哥西海岸与菲律宾的贸易往来，从菲律宾携入印度半岛，从中国传入日本，日本称花生为"南京豆"。从中国又传入马来群岛、泰国和缅甸、南印度的东海岸。第二条路线是马来群岛经斯里兰卡越过印度洋而抵马达加斯加、莫桑比克。

从南美洲向东和向西两条传播途径，会合于非洲。所以，非洲的花生直接来自巴西或间接来自亚洲的印度和马来群岛。

Krapovickas（1968）根据调查认为，花生从其原产地传播到加勒比海周围地区和加勒比群岛。Steward（1959）通过对印第安人食用植物的记录中查证到花生是从加勒比地区向南，经巴西至巴拉那-巴拉圭河系下游并向西到达太平洋沿岸。

花生在南美洲从原产地向外的初始传播途径虽众说不一，但多数权威学者认为，西班牙或葡萄牙的航海家于 16 世纪初把花生带回国去，随之传入欧洲和非洲，而后传到了印度，又从非洲传到了美国。

Higgins（1951）的研究认为，花生是在 17 世纪殖民地时期从非洲传入美国的，并曾叙述过这个时期殖民者从非洲向美洲贩卖黑奴的过程中把花生带入美国的情形，其时间大约与从墨西哥和加勒比海传入美国的时间相似。西班牙型花生于 1794 年传入欧洲，1871 年从西班牙传入美国。所以，美国将这种形态的花生称作"西班牙型"。"瓦棱西亚型"（也叫"瓦核西亚型"）花生晚于西班牙型花生 30 年传入美国，也是用引入地名命名的。

美国在南北战争之前，弗吉尼亚州南部仅有小规模的花生种植。南北战争结束后，士兵们将花生从弗吉尼亚州携带回各自的家乡，并有较大的发展。特别是在棉铃虫大发生后，佐治亚州等地的许多棉花被花生所代替，从而形成了目前美国南部的花生带。"弗吉尼亚型"花生的命名也源于此。

据 Leiberher（1928）的记述，印度出版的《西印度植物志》所记载的南美洲植物都是公元 1500 年以后由西班牙基督教会引入的。所以，花生引入印度的时间应当在 16 世纪前期。由于气候和土壤均适合花生的生产，印度花生面积发展很快，1998 年栽培面积达到 12 000 万亩，居世界首位。

花生引入欧洲的途径是西班牙、葡萄牙航海家直接携带回家乡或自非洲间接引入的，其时间应当在 16 世纪前期。关于引入最早的记载是 1574 年由 Nicolas Monardes 所作，其后 Clusius（1605）、Bouhino（1623）、Laef（1625）、Parkinson（1640）、

Bauhino（1650）等均有记载。后来，Marcgrave（1648、1658）、Cobo（1650）、Labat（1742）等人根据生活的样本作了观察研究，并作了描述和图解。欧洲植物学家研究花生是在 17 世纪，而后英国 Kew 植物园于 1700 年将花生学名定为 *Arachis hypogaea* Linn.。

花生传入日本的时间据吉岛氏认为是在江户时代永宝三年（1706）从中国引入的；宫间氏则认为是在明治六年（1873）神奈川人在横滨中国商人处得到了一些种子，同年传入千叶县而形成今日的主产区。现在栽培的大粒种是 1874 年从美国引入的。

# 第二节　中国花生的栽培史

外国学者对花生传播到中国的时间和途径也认为是在哥伦布发现新大陆之后，从当时的西太平洋西班牙属地菲律宾而到达中国的东南沿海，其时间大体上是 16 世纪中叶，而 Goverich 认为是 1608 年。Hammons 在《花生栽培与利用》（1973）和《花生科学与技术》（1982）两本专著中认为，"中国关于花生的最早参考文献晚于发现和征服美洲之后的相当时期"。他所依据的资料来源于 Lanfer Berthuld（1906）《美国学者国际会议》和辅仁大学的《东方研究月刊》，基本上都是外国传教士对中国问题的学术研究报告。这些著作都是用英文发表的，易于为西方学者所接受。中国在这方面的研究起步较晚，由于文字上的隔阂，西方学者对中国事物的了解也受到一定的局限。尽管如此，Hammoms 也客观地反映出"中国关于花生的最早参考文献……"而并没有用以作为中国最早栽培花生的依据。实际上，中国花生的栽培史远远早于哥伦布发现新大陆的时间。

## 一、中国古农书的记载

哥伦布发现新大陆为 1492 年，西班牙人占据南美洲之后，

于 1500 年前后才陆续见有西方人的文献报道南美洲的有关事物,
而中国古农书的记载却早于 1500 年。归纳如下:

唐朝时期,段成式所撰写的《酉阳杂俎》成书于公元 1000
年以前,有"又有一种形如番芋,蔓生……花开亦落土结子曰香
芋,亦名花生"的描述。

元朝时期,贾铭(未知—1368)在《饮食须知》中有"落花
生,味甘、微苦、性平,形如香芋,小儿多食,滞气难消……"
的记载。进入明朝时,贾铭已近百岁,此书均来自诸家本草。据
此推断,《饮食须知》的成书年代当在 14 世纪中期,而所摘引材
料的来源则应更早于成书年代。

明朝时期,蓝茂(1397—1476)在所著的《滇南本草》中也
有关于花生的记载,这部书的成书年代约在 15 世纪中期。

清朝时期,檀萃在 1799 年所撰写的《滇海虞衡志》中有
"落花生为南果中第一……宋元间,棉花、番瓜、红薯之类粤估
从海上诸国得其种归种之……""……棉花、番瓜、番芋、落花
生同时传入中国"的记载,说明中国于宋、元年间,即公元
1000 年左右即已有花生栽培,而且是与甘薯等作物同时从南洋
诸岛国得来的。赵学敏于 1765 年所撰写的《本草纲目拾遗》中
对落花生有较详尽的考证,且书中引用《酉阳杂俎》中有关花生
的叙述,认为唐朝即已有花生栽培。

## 二、中国地方志的记载

《常熟县志》(1503)中花生条目称:"花生三月栽,引蔓不
甚长,俗云花落在地,亦生子土中,故名,露后食之,其味才
美。"《上海县志》(1504)、《姑苏县志》(1506)均有关于花生的
描写。

这些县志的刊印时间基本上都与哥伦布发现新大陆的时间
(1492)相近,更何况 1500 年葡萄牙人才发现巴西,而有关南美
洲事物的报道始于 16 世纪初叶。所以,很难设想在短短几年时

间里，花生能越过浩瀚的太平洋，中转若干国家而抵达中国，并在几个县中广为栽培，且刊载于县志上。这充分证明，这些地方花生的栽培早于欧洲人占领南美洲的时间。

## 三、郑和远航与引入花生的蛛丝马迹

中国现有史籍证明对南洋诸岛国的海外贸易早于哥伦布的远航，尤其福建省与南洋商贸往来频繁，应该早于郑和下西洋的1405—1433 年。因为史书记载郑和是继承父业进行远洋航行的，在此期间郑和船队到了 30 多个国家和地区，其最早的路线是经过南洋诸岛国而去印度和非洲，菲律宾很可能是当时中国与海外联系的桥梁。

郑和船队集结出发的港口为江苏刘河，即现在的江苏省太仓市刘家港，时间约早于哥伦布发现新大陆（1492）百余年。而正是在这个时期，有关花生的条目陆续见于《常熟县志》《上海县志》《姑苏县志》等县志上，而这些地方与太仓相邻，从时间和地点均可佐证这与郑和船队远航、引入有益动植物有关。

## 四、龙生型花生的中国栽培佐证

按照目前国际上通用的分类惯例，栽培种花生共有 4 个变种，这 4 个变种也通常分别等同于一个相应的植物学类型，即 *hypogaea*（普通型）、*Laris*（珍珠豆型）、*fastigiata*（多粒型）、*hirsuta*（龙生型）。但世界上除中国和南美洲以外，生产利用中仅有前 3 个类型或变种，即普通型、珍珠豆型和多粒型。而中国最早的花生栽培品种是龙生型花生（叶萝珠《阅世篇》、屈大均《广东新语》、赵学敏《本草纲目拾遗》以及李调元的《南越笔记》均有叙述），除南美洲某些地区目前尚有栽培外，国际上没有利用过，也很少有人研究过这种花生。因而，可以认为中国传入的龙生型花生并不是由欧洲所传入的。

根据南美起源说，花生原产于南美洲，而南美洲有悠久的人类活动史，南美洲人民与外部世界的交往史不能以哥伦布发现南美、继而西班牙人和葡萄牙人占领南美洲作为对外部世界交往的起点。综观我国的古农书、地方志、国际商贸往来以及栽培花生的品种类型与西方国家不同等情况，可以确认花生引入中国的时间早于哥伦布发现南美洲的 1492 年。关于这种情况，我国著名植物学家胡先骕认为，在哥伦布发现新大陆之前，南美洲的土著人曾自太平洋西岸顺流漂流到太平洋诸岛屿，南美洲的经济作物可以逐岛传播到东南亚而抵达中国东南沿海。他的推断与中国古农书的记载是一致的。

　　近几年，美国哈佛大学的一些学者研究认为，亚裔流亡者和探险家确实在哥伦布之前就抵达了美洲大陆。美洲历史上的第一个文明时代，或称为"奥尔梅克文明"，与亚洲文化中的宗教、艺术、天文、建筑有惊人的相似之处。1993 年，美国生物化学家华莱士教授通过对美洲印第安人 DNA 的分析表明，印第安人源自亚洲。王权富（1996）通过在秘鲁的文化考察，认为中国和秘鲁的交流史应可以追溯到距今 3 000 年以前的商周时期。上述研究和考察结果也可以为中国早在哥伦布之前已存在国际上称为"秘鲁型"的龙生型花生这一观点提供间接的佐证。

# 第三章

# 鲜食花生的生长特性

## 第一节　生物学特征

### 一、种子

#### （一）形态功能和构造

花生的种子，通常称为花生仁或花生米。各品种成熟的种子外形大体有三角形、桃形、圆锥形和椭圆形4种。种子的大小在品种之间也有很大差异，通常以百仁饱满种子重量为标准，分为大粒种、中粒种和小粒种。百仁重80克以上的为大粒种，50～80克的为中粒种，50克以下的为小粒种。但同一品种、同一株上的荚果因坐果先后不同，种子所处位置不同，其大小也不一样。一般双室荚果中前室种子（先豆）发育晚，粒小而轻；后室种子（基豆）发育早，粒大而重。

种子由种皮、子叶、胚三部分组成。种皮有紫、紫红、褐红、白、桃红及粉红等不同颜色，包在种子最外边，主要起保护作用。包在种皮里面的是2片乳白色肥厚的子叶，也叫种子瓣，储藏着供胚发芽出苗形成植物体所需的脂肪、蛋白质和糖类等养分，子叶的重量占种子重量的90%以上。胚又分为胚根、胚芽、胚轴三部分。胚根，象牙白色，突出于2片子叶之外，呈短喙状，是生长主根的部分。胚芽，蜡黄色，由1个主芽和2个侧芽组成，是以后长成主茎和分枝的部分。胚根上端和胚芽下端为粗壮的胚轴，种子发芽后将子叶和胚芽推向地面的胚轴上部，叫做根颈。

## (二) 休眠性

种子成熟后，即使立即给予适宜的生长条件，也不能正常发芽出苗，这种特性叫"休眠性"。种子休眠需要的时间叫"休眠期"。花生种子休眠期的长短因品种而异。一般早熟品种休眠期短，为9～50天，如伏花生在收获前遇旱种子失水，再遇雨土壤温湿度适宜，就能在地里发芽而致减产；中晚熟品种休眠期长，为100～120天，如花17号一般在收获前不会在地里发芽。据研究，种子休眠期的长短是因为种皮的障碍和胚内某些植物激素类物质的抑制作用所致。珍珠豆型和多粒型品种在休眠期，只要破除种皮障碍即可发芽；而普通型和龙生型品种在休眠期内，除破除种皮障碍外，还必须再施以某些促进剂才能打破休眠。例如，用乙烯利、苄氨基嘌呤等植物激素都能解除种子休眠。生产上采用播前晒果、暖种以及在25～35℃浸种催芽都能有效地解除休眠。

# 二、根

## (一) 形态构造与功能

根为圆锥根系，由主根、侧根和很多的次生细根组成。根的构造由外向内分为表皮、皮层薄壁细胞、内皮层、维管束鞘、初生韧皮部和初生木质部等。主根有4列维管束，呈"十"字形排列，侧根有2～3列维管束，与主根维管束相连，组成输导系统。

根的功能主要是吸收和输导水分、养分以及支撑固定植株，并合成氨基酸、植物激素等物质。根系从土中吸收水分和矿质营养元素并输送到地上部各器官，又将叶片制成的光合产物下送到根系各部，供生长需要。

## (二) 根瘤和根瘤菌

**1. 根瘤的形态与识别** 花生根部长着许多圆形突出的瘤，叫"根瘤"。着生在根颈和主侧根基部的根瘤较大，固氮能力较强；着生在侧根和次生细根上的根瘤较小，固氮能力较弱；内含微绿色和黑色汁液的根瘤为老根瘤，已失去固氮能力。

**2. 根的形成和发育** 花生出苗后，根系分泌一种对土壤根瘤菌有吸引力的半乳糖、糖醛酸和苹果酸等物质，使根瘤聚集到根毛附近，从根毛的尖端侵入内部。根皮层深处的细胞因受根菌分泌物的刺激而加速分裂，逐步形成肉眼可见的根瘤，根瘤菌在根瘤内生活繁殖。

**3. 根瘤菌与花生的营养关系** 根瘤形成初期，根瘤菌的活动很弱，不但不能供给花生氮素营养，还需吸收根系的营养来维持它的生命。因此，花生幼苗期根瘤菌与花生是"寄生"关系。随花生植株生长，根瘤菌的固氮能力逐渐增强，至始花期后已能为花生供应较多的氮素营养，此时根瘤菌与花生成为"共生"关系。至花生结荚初期，根瘤菌固氮能力最强，是为花生供氮最多的时期。据测定，花生有50%～80%的氮素是由根瘤菌供给的。花生收获期根瘤破裂，根瘤菌重新回到土壤中过"腐生"生活。这时根瘤菌遗留在土壤中的氮素每亩为1～3.5千克，相当于硫酸铵等标准氮肥5～17.5千克。俗话说"花生能肥田"就是这个道理。

## 三、茎

### （一）主茎的形态构造和功能

种子发芽出土后，胚轴上的顶芽长成主茎，直立生长，幼时为圆柱状，中间有髓；生长中后期，主茎中上部变成棱角状，下部木质化，全茎中空。茎节在群体条件下有15～25个，基部节间较短，中部较长，上部较短。主茎高度在正常栽培条件下一般为40～50厘米，但茎节数和高度常因品种、土壤肥力和气候条件的不同而有很大变幅。茎通常为绿色，有的品种部分带淡紫红色。茎枝上有茸毛，茸毛多少因品种而异。

早熟品种的主茎可直接着生荚果，晚熟品种主茎不直接着生荚果。

茎由表皮、皮层、韧皮部、形成层、木质部及髓组成。茎的表皮上有气孔，表皮下层为厚角细胞，在厚角细胞下为皮层，皮层内为棱角状的维管柱，维管柱内有 20～40 个外韧维管束，各维管束被宽度不等的线所隔开，每一维管束内有韧皮部、形成层和木质部。

主茎主要起输导水分、养分和支撑株体的作用。根部吸收的水分、矿质营养元素和叶片制造的有机养料，都要通过茎部向上或向下运输。叶片靠茎的支撑才能适当地分布在空间以接收阳光，进行光合作用。

### （二）枝的分生

种子发芽出土后，主茎有 1 片真叶展现时，着生在 2 片子叶叶腋内的 2 个侧芽紧贴子叶节对生，长成第一、第二个分枝，习惯上叫第一对侧枝。主茎 4～5 片真叶展现时，主茎上第一、第二片真叶的叶腋里互生出第三、第四个分枝。由于主茎第一、第二片真叶互生节很短，第三、第四个分枝分生后就像对生一样，因此习惯上叫第二对侧枝。主茎第七、第八片真叶展现时，第三、第四片真叶叶腋里分生出第五、第六个分枝，习惯上叫第三对侧枝（在大田群体条件下，有时只分生 5 条）。花生是多次分枝的作物，为了加以区别，通常把主茎上分生出的枝叫第一次分枝；第一次分枝上分生出的枝叫第二次分枝；依此类推，多者可分生 5 次枝以上。花生不论分枝多少，开花结果主要集中在第一、第二对一次枝和这 2 对侧枝上的二、三次枝上。因此，分枝过多，特别是后生的分枝过多，在种植上实际意义不大。

### （三）分枝型和株型

花生分枝的多少与品种有关。大体有 2 种分枝型：一是植株发生分枝 2 次以上的品种，单株总分枝数多于 10 条的为密枝型，如花育 24 号、四粒红等；二是植株很少发生二次分枝的品种，单株总分枝数 10 条以下的为疏枝型，如花育 20 号、花育 26 号、花育 19 号、花育 25 号、大四粒红等。按照花生侧枝生长形态、主茎与侧枝长短比例和主茎与侧枝所呈角度分为 3 种株型：

**1. 蔓生型**（又称爬蔓型、匍匐型） 开花下针期以前，侧枝贴地平行生长，与主茎约呈 90°角。至最远结实节位以上的侧枝尖端又向上直起生长，其直起部分与地面约呈 60°角，其长度不及匍匐部分的 1/2。株型指数（即侧枝长/主茎高）为 2 以上。

**2. 半立蔓型**（又称半匍匐型） 花生生长前期，第一对侧枝斜生与主茎间约呈 85°角，至最远结实节位处再向上展转直起生长，与地面间约呈 60°角。直起生长部分约占侧枝总长的 3/5。株型指数为 1.3～1.5。

**3. 立蔓型**（又称直立型） 花生生育前期第一对侧枝斜生，与主茎间约呈 70°角，至侧枝基部最远结实节位处向上展转直起生长，与地面间约呈 60°角。展转直起部分约占侧枝总长 3/4。株型指数为 1～1.2。

## 四、叶

### （一）形态构造和功能

花生的真叶为羽状复叶，由叶片、叶柄和托叶三部分组成。

**1. 叶片** 在茎枝上均为互生。每片复叶一般由 4 个小叶组成，但也有少于 3 个和多于 5 个的畸形复叶。4 个小叶两两对生在叶柄上部，小叶的形状有椭圆形、倒卵圆形、长椭圆形和宽倒卵圆形 4 种。

花生叶片是由上表皮、下表皮、栅栏组织、海绵组织、叶脉维管束及大型储水细胞组成。上表皮的皮层有角质层，上表皮下有 1～4 层很疏松的栅栏组织，以下为海绵组织。在下表皮细胞与海绵组织之间有一层大型薄壁细胞，称为储水细胞。大、小叶脉为维管束所组成。上、下表皮都有气孔，每平方毫米有 150～245 个。它的主要功能是在花生生育期间用来调温和吸收二氧化碳进行光合作用。

**2. 叶柄**　花生的叶柄细长，一般为 2～10 厘米。叶柄上生有茸毛，其多少与品种、干湿环境条件和叶片出生时间有关。叶柄的上面有一纵沟，由先端通达基部，基部膨大部分叫做叶枕（或称叶褥）。小叶的叶柄很短，基部也有叶枕。叶枕是由表皮、皮层、维管束和髓等部分组成。

**3. 托叶**　叶柄基部有 2 片托叶，托叶的下部与叶柄基部相连。它的形状因品种而异，可作为品种鉴别的标志之一。

**（二）光合性能**

花生叶片的光合潜能很高。据测定，幼苗期花生的光合生产率可达每平方分米叶面积每小时同化 40～51 毫克二氧化碳，净光合生产率接近玉米、超过大豆。但在实际生产上，由于受以下因素的影响，花生的光合能力变化很大。

**1. 光照强度对光合强度的影响**　一般光照强度与光合强度呈正比，光照强度减弱到 611～815 勒克斯/平方米时，叶片光合产物的合成与光合产物的呼吸消耗相抵消（即光合产物不再增加积累），这个光照强度叫光补偿点。由光补偿点逐步增加，当光照强度达到 6.1 万～8.2 万勒克斯/平方米时，叶片停止光合作用，不再增加光合产物，这个光照强度叫光饱和点。有时在大田群体适宜条件下，当光照强度增加到 10.2 万勒克斯/平方米时（相当于夏季 12∶00～14∶00 晴天无云时的光强），花生群体植株叶片仍未显示出光饱和的表现。由此可见，花生的光合潜力很高，这就是花生能创高产的原因所在。

**2. 二氧化碳浓度对光合强度的影响**　在一定范围内，叶片光合强度随空气中二氧化碳浓度的增加而增高。试验表明，当空气中二氧化碳浓度为 0.1% 时，单株平均重量为 4.02 克，比空气中二氧化碳浓度 0.03% 时的植株平均重量增加 88%；二氧化碳浓度达 0.25% 时，花生植株干物质平均量增加到 4.797 克，比空气中二氧化碳浓度 0.03% 时的植株重量增加 124%。由此看来，增加空气中二氧化碳浓度是发挥花生增产潜力的途径之一。

**3. 气温对光合强度的影响** 花生叶片进行光合作用最适宜的气温为 20～25℃。气温达到 30～35℃时，光合强度就明显下降。在气温不超过 25℃的季节，其光合强度是上午和下午低、中午高。气温超过 30℃时，中午前后，叶片蒸腾量过大，导致叶片气孔收缩或关闭，光合强度反而降低，到 15：00 左右再回升。

**4. 土壤水分对光合强度的影响** 花生对干旱有较强的适应能力。如叶片开始萎蔫时，仍能保持微弱的光合作用。已经萎蔫的花生，在吸水恢复正常后，光合作用能迅速恢复，甚至超过原来的光合强度。

**5. 叶位和叶龄对光合强度的影响** 叶位和叶龄不同，光合能力也显著不同。据人工气候室测定，生长 3～4 周花生植株叶片的净光合强度最高，5 周后的光合能力便开始下降；播后 110～140 天的花生侧枝上节第三至第八叶的平均光合强度比播后 80 天时各相应叶位的光合强度分别降低 30%和 73%。同期比较，第三叶光合强度最高，比第五、第八叶的光合强度分别高 92%和 71%。

此外，花生的光合强度也与品种类型和栽培条件有关系。

## （三）感夜运动和向阳性

每到日落或阴天下雨，复叶相对生的 4 个小叶就会自动闭合，复叶下垂，至翌日晨或晴天时，小叶片重新开放，复叶柄隆起。这种昼开夜闭和下垂隆起的现象叫感夜运动或睡眠运动。产生这种运动是由光线的强弱变化使叶枕上半部薄壁细胞内的膨压变化所致。光线弱时，膨压降低，小叶闭合，大叶下垂；反之，小叶展开，大叶隆起。

花生叶片还有明显的向阳性，早晚阳光斜照时，植株上部叶片常朝阳光竖立起来，叶正面对向太阳，并随太阳的转动而不断变换叶向，使叶片正面始终对向太阳。夏季中午高温烈日直晒时，顶部叶片又上举直立，以避开强光直晒。这是花生对光能利用的一种自动调节现象。

# 五、花

## （一）花序和开花类型

**1. 花序**  花生的花序在植物学上叫总状花序，花序实际上是一个变态枝，又叫生殖枝或花枝。在花序轴的每一节上，有一片苞叶，在叶腋里着生 1 朵花。有的花序轴很短，只着生 1～3 朵花，近似簇生，叫做短花序。有的花序轴伸长，着生 4～7 朵花，甚至 10 朵花以上，叫做长花序。有的花序上部又长出羽状复叶，不再着生花朵，使花序转变为营养枝，又叫生殖营养枝或混合花序。有的品种在侧枝基部，有几个短花序簇生在一起，形似丛生，因此叫复总状花序。

**2. 开花类型**  花生在主茎和侧枝各节上着生花序和分枝的类型有 2 种。一种是主茎节上不长花序，侧枝基部第一至第三节或第一、第二节上只长分枝，不长花序，以后的第四至第六节或第二、第三节上不生分枝，只长花序，然后又有几个节只长分枝不长花序。如此交替着生分枝和花序的，叫做交替开花型，也叫交替分枝型，如山东的花育 22 号和四川的天府 15 号等品种。另一种是主茎节上和侧枝节上不管是否发生分枝，都着生花序的叫做连续开花型，又叫连续分枝型，如丰花 2 号和花育 20 号。

## （二）形态特征和构造

花生的花为蝶形花。因一朵花内有雄蕊也有雌蕊，所以也叫两性完全花。花冠黄色，子房上位着生在叶腋间。整个花器是由苞片、花萼、花冠、雄蕊和雌蕊等部分组成。

**1. 苞片**  2 片苞叶生在花萼管基部外侧，呈绿色。苞片有保护花蕾和进行光合作用的功能。

**2. 花萼**  苞片之内的花萼是由 5 个萼片组成，上部 4 个联合，下部 1 个分离，呈浅绿色、深绿色或紫绿色。基部联合成一个细花萼管，多为淡黄绿色，有茸毛。

**3. 花冠** 由 5 片花瓣组成，外面最大的 1 片为旗瓣；中间 2 片形态狭长，像翅膀，叫翼瓣。这 3 片花瓣是分开生长的，开花时可以张开。里面最小的 2 片联合在一起，像鸟嘴，叫龙骨瓣，花蕊就在这里面。

**4. 雄蕊** 花生的雄性生殖器官。1 朵花有 10 个雄蕊，其中 2 枚退化，8 枚发育成花药，着生在花丝上，花丝下部联合成一个雄蕊管。这 8 个花药中，有 4 个发育健壮，呈长椭圆形；另外 4 个发育较慢，呈圆形。花药成熟后放出花粉粒，花粉粒呈黄色。

**5. 雌蕊** 花生的雌性生殖器官，分柱头、花柱和子房三部分。细长的花柱从花萼管和雄蕊管中伸出，其顶端的柱头稍膨大弯曲，在其下部约 3 毫米处生有细毛。柱头易分泌黏液，黏着花粉。子房位于花萼基部，内有数个胚珠（植物种子的构造之一，受精后就发育成种子），在子房基部有一分生组织，在开花受精后迅速伸长，形成子房柄。

**（三）花芽分化进程**

花生出苗后不到 1 个月就见花。一个花芽的形成分化至开花一般需要 20～25 天。不管品种如何，当第一朵花开放时，就标志着进入分化盛期，而分化盛期以前的花芽多为前期有效花。花芽分化是一个连续的进程，大致可分为花芽原基形成期，花萼分化期，雄蕊、心皮分化期，花冠分化期，胚珠、花药分化期，大、小孢母细胞分化期，雌、雄性生殖细胞形成期，胚囊形成期，花粉成熟期。

**（四）开花习性和规律**

**1. 开花和受精** 花生的花在清晨太阳升起时开放。据在山东半岛的胶东花生产区观察，多在 5：00～7：00 开花，6 月在 5：30 左右，7～8 月在 6：00 左右，9 月开花时间较晚，阴雨天开花时间延迟。一朵花的开放是从旗瓣微裂到完全张开为准，需 0.5～1 小时。如果萼片微裂，在狭缝中见到黄色花瓣或折叠的花瓣全部露出萼片，而尚未张开，这种花蕾显示即将开放。

花开放前，幼蕾膨大，在开花前1天的傍晚，萼片就微裂，花萼管长1厘米左右，到夜间迅速伸长3～6厘米。当花蕾膨大时，花药与柱头保持一定距离，花瓣逐渐向萼片外伸长。当花瓣将开时，花药便接近柱头，雄蕊管相应地伸长，在开花前4～5小时，雄蕊即可与雌蕊接触，将花粉粒散出黏于柱头，即为授粉。授粉后，花瓣当天下午萎蔫，花萼管也逐渐枯萎。花粉粒在柱头上发芽，长成花粉管，在开花后5～7小时，花粉管即可达到花柱基部；在12小时左右，花粉管的先端即可进入珠孔，穿进胚囊。这时管壁破裂，放出2个精核，一个与卵细胞结合成受精卵，另一个与两极核结合成胚乳核，这叫做双受精。荚果先端的胚珠不受精的概率较多，所以花生收获时，常见到只有基豆发育的单粒荚果。

**2. 开花顺序和分布规律** 花生单株各茎枝各节位花序的开花顺序，大体与花芽分化的顺序一致。一般是自下而上、由里向外、左右轮番开放或同时开放。

花生的花在植株上分布的范围很广，主要分枝上几乎都能开花。但在各次各对分枝上的分布比例不同，第一对侧枝上各枝节的开花数占单株总花数的50%～60%，第二对侧枝上各枝节的开花数占单株总花数的20%～30%。第一、第二对侧枝各节开花数之和，占全株总开花数的90%左右。例如，花育16号第一、第二对侧枝开花数占全株总开花数的92%；花育20号第一、第二对侧枝开花数占全株总开花数的93.5%；花育26号第一、第二对侧枝开花数占全株总花数的88.5%。在栽培上促进这些侧枝早生快发和健壮生育是高产的途径之一。

**3. 开花期和花量** 花生属无限开花型植物，花期很长。在大田生产上的推广品种从始花至终花需50～120天。如气候条件适宜，有些品种直到收获还零星开花。品种类型之间也有差异，珍珠豆型早熟品种花育20号花期最短，出苗至始花需20～25

天，始花至终花需 50～60 天。普通型中熟品种花育 16 号，花期较长，出苗至始花需 25～30 天，始花至终花 80～90 天。花生不仅花期长，花量也多。在群体条件下单株开花总量，一般为 50～500 朵。单株开花量经历由少到多再由多变少的过程。单株开花最多的一段时间叫盛花期，习惯上叫单株盛花期。连续开花型品种在始花后 15～25 天可达单株盛花期；交替开花型品种在始花后 20～30 天到达盛花期。开花期间，每日开花量也不一样，除因气候条件而变化外，有一天多、一天少的规律，这个习性各品种类型都一样。

## 六、果针

### (一) 形态特性

果针是由子房柄和子房两部分组成。子房在子房柄的尖端，顶端呈针状，入土后可结成荚果，所以叫做果针。果针在入土前为暗绿色略带微紫色，尖端的表皮木质化而形成帽状物，以保护子房入土。子房柄的分生区域在尖端后 1.5～3 毫米处，再后为伸长区。子房柄内部构造与茎相似。果针的长度，在侧枝基部低节位的短些，一般为 3～8 厘米；在侧枝中上部高节位的长些，一般为 10 厘米以上，个别可达 20～30 厘米。

果针虽是入土结实的生殖器官，但具有与根相似的吸收性能和向地里生长的特点，可以弥补根系吸收水肥的不足。

### (二) 形成与伸长

花生开花受精后，花逐渐凋谢，子房基部伸长区的分生组织细胞加速分裂，逐渐形成针状，在开花后 3～5 天，子房柄即可形成肉眼可见的果针。开始时略呈水平方向缓慢生长，每日平均伸长 2～3 毫米，以后渐弯曲，基本达垂直状态时，生长速度显著加快，在正常条件下，经 4～6 天便可接地入土。果针的入土深度，一般珍珠豆型花生品种果针入土较浅，为 3～5 厘米；普通型花生品种果针入土较深，为 5～7 厘米；有些龙生型花生品种果针入土深度可达 10 厘米以上。不同结实节位的果针，入土深度不同，一般是侧枝低节位的果针入土较深，高节位的果针入土较浅，甚至不能入土。一般果针的出生节位越高，离地面越远，果针延伸越长，穿透力越差（发软），果针入土率就越低。如果土壤过于干硬紧实，侧枝低节位的果针也难以正常入土，即使入土也难以结实。鲜食花生地膜覆盖条件下，果针入土较露地栽培慢 0.5～1 天。因此，下针时也可采用人工方法在下针部位刺些小孔，以利于下针。

## 七、荚果

### （一）形态和构造

**1. 形态**　花生的果实叫做荚果，果壳坚硬，全身有纵横网纹，呈黄褐色，成熟后不自行开裂。有深浅不同的束腰，前段突出部分叫做"喙"或"果嘴"。果的形状可分为以下几种（图 3-1）：

普通形　斧头形　葫芦形　蜂腰形　蚕茧形　曲棍形　串珠形

图 3-1　花生荚果果形

（1）普通形。荚果有 2 室，束腰浅，果嘴后仰不明显。

（2）斧头形。荚果多有 2 室，束腰深，前室平，果嘴前突，后室与前室成一拐角。

（3）葫芦形和蜂腰形。荚果多有 2 室，束腰深，果嘴不突出，果形像葫芦。其中有一类，束腰很深，果嘴明显，果形稍细长，叫做蜂腰形。

（4）蚕茧形。荚果多有 2 室，束腰和果嘴都不明显。

（5）曲棍形。荚果在 3 室以上，各室间有束腰，果壳背部形成几个龙骨突起，先端 1 室稍向内弯曲，似拐棍，果嘴突出如喙。

（6）串珠形。荚果多在 3 室以上，各室间束腰极浅，排列像串珠。

花生荚果的大小虽与品种类型有关，但同一品种的荚果，由于气候、栽培条件、着生部位、形成先后的不同，大小重量都有很大变化。通常按品种固有形状和正常成熟荚果的百仁重大小为准，分为大、中、小 3 种。百仁重 80 克以上的为大果型，百仁重 50～80 克的为中果型，百仁重 50 克以下的为小果型。

**2. 构造** 花生荚果包括荚壳和种子两部分。荚壳由子房壁发育而成。未成熟的新鲜果中，荚壳由表皮、中果皮、纤维层及内薄壁细胞层和下表皮等部分组成。未成熟荚果，外表带黄色，网纹不明显，荚果内薄壁细胞层的海绵体呈白色，包含 2 粒以上不饱满的种子，叫做银壳果。成熟的荚果，荚壳外表发青，壳硬，网纹清楚，荚果内薄壁细胞层海绵组织由白色变为黑褐色，并有金属光泽，包含 2 粒以上饱满的种子，叫做金壳果。

**（二）发育进程**

包括从子房柄垂直入土、子房呈水平状膨大到荚果完全成熟的整个过程。大致分为 2 个阶段，即荚壳膨大期和籽仁充实期。第一阶段主要是荚果体积的增加。据观察，果针入土后 7～10 天，子房柄尖端即可膨大呈鸡嘴状幼果，10～20 天体积膨大最快，20～30 天荚壳膨大到最大限度，形成了定形果。此时，荚果含水量多，内含物主要是可溶性糖，而蛋白质和脂肪很少，果壳未木质化、白色、光滑、网纹不明显，种皮很厚，种子已呈棒状，无经济价值。第二阶段是籽仁充实期。种子干物质特别是脂肪含量迅速增加，糖分减少，至果针入土后 50～60 天，籽仁干物质增加到最大限度，荚壳逐渐变厚、变硬，网纹明显，种皮变薄、变红，籽仁充实饱满，显出品种本色。在荚果发育的同时，种子的幼胚也随之发育。其进程大致分为原胚分裂期、组织原始体分化期、子叶分化期、子叶伸长期、真叶分化期、真叶伸长期、子叶节分枝生长期、子叶节分枝形成期等。这时已是果针入土后的 35～50 天，荚果已变硬，果壳变薄，胚器分化完成，虽然荚果还不太饱满，但种子已具备发芽能力。鲜食花生春季早熟品种在果针下针后 50 天左右、饱果率 60％左右时，即可采收，中迟熟品种延后 1 周左右。夏季早熟品种在果针下针后 40 天左右，可以采收，中迟熟品种 45 天左右采收。

# 第二节　生育期和环境要求

花生属无限开花结实的作物，生育期很长。一般早熟种 100～130 天，中熟种 135～150 天，晚熟种 150 天以上。它的整个生育期可分为 3 个生长阶段 5 个生育期。各生育期都需要一定的环境条件。

## 一、营养生长阶段

此阶段主要包括种子发芽出苗期和幼苗期两个生育期，是以种子发芽出苗和幼苗生根发棵长叶进行营养器官生长为主的阶段。

### （一）种子发芽出苗期

从播种至 50％的幼苗出土、主茎 2 片真叶展现，为发芽出苗期。在正常条件下，春播早熟种需 10～15 天，中晚熟种需 12～18 天；夏播和秋播需 4～10 天。

**1. 发芽出苗进程**　花生播种后，种子首先吸水膨胀，内部养分代谢活动增强，胚根随即突破种皮露出嫩白的根尖，叫做种子露白。当胚根向下延伸到 1 厘米左右时，胚轴便迅速向上伸长，将子叶（种子瓣）和胚芽推向地表，叫做顶土。随着胚芽增长，种皮破裂，子叶张开。当主茎伸长并有 2 片真叶展开时，叫做出苗。花生出苗时，2 片子叶一般不完全出土。因为种子顶土时，阳光从土缝间照射到子叶节上，打破了黑暗条件，分生组织细胞就停止分裂增生，胚轴就不能继续伸长，子叶不能被推出地面。在播种浅，温度、水分适宜的条件下，子叶可露出地面一部分。所以，花生是子叶半出土作物。这就是栽培上"清棵蹲苗"的依据之一。

**2. 对环境条件的要求**

（1）温度。花生种子发芽最适气温是 25～37℃，低于 10℃或高于 46℃，有些品种就不能发芽。花生春播要求 5 厘米播种层平均地温的最低适温是：早熟品种稳定在 12℃以上，中晚熟品种稳定在 15℃以上。

（2）水分。花生播种时需要的适墒是土壤含水量占田间最大持水量（沙土为 16%～20%，壤土为 25%～30%）的 50%～60%，高于 70%或低于 40%，花生都不能正常发芽出苗。所以，北方花生产区播前要耙耢保墒和提墒造墒，南方花生产区多采用高畦种植。

（3）空气。花生种子发芽出苗期间，呼吸代谢旺盛，需氧量较多，而且需氧量随着种子发芽到出苗的进程逐渐增多。据测定，每粒种子萌发的第一天需氧量平均为 5.2 微升，至第八天平均需氧量增至 615 微升，增加 100 多倍。因此，土壤水分过多、土壤板结或播种过深，引起窒息，都会造成烂种窝苗而影响全苗壮苗。在生产上采取播前浅耕细耙保墒，播后遇大雨排水划锄松土措施，都是为了创造花生种子发芽出苗所需要的良好通气条件。

**（二）幼苗期**

自 50%的幼苗出土、展现 2 片真叶至 10%的苗株始现花、主茎有 7～8 片真叶的这一段时间为幼苗期。在正常条件下，早熟品种 20～25 天，中晚熟品种 25～30 天。

**1. 生育进程**

（1）根系的生长发育。花生出苗前胚根向地下伸展长成主根，长 5～10 厘米，并呈"十"字形萌发出主要侧根。出苗后 4 片真叶展现时，主根伸长到 40 厘米，上部 4 列侧根水平伸展已达 30 厘米。幼苗始花、主茎展现 7～8 片真叶时，主根伸长约 80 厘米，主、侧根基部增生肉眼可见的根瘤。主要侧根由水平伸展转向地下垂直伸展，并大量分生根毛，支根数可达 100 个左右，形成一个强大的圆锥根系，具备了大量吸收土壤水分和养料的能力。

（2）茎枝和叶片的生长发育。花生顶土后主茎长到 1～2 厘米时，第一至第三片真叶相继展现；第三片真叶展现时，第一对侧枝分生；第五、第六片真叶展现时，第三、第四对侧枝分生。第一对侧枝长度与主茎高度相等，这时俗称"团棵"。这 5 个茎枝生长是否壮而不旺是决定以后能否高产的基础。主茎展现 7～8 片真叶时，第五对侧枝分生，第一对侧枝高于主茎，基部节位始现花。

**2. 对环境条件的要求**

（1）温度。花生幼苗期最适宜于茎枝分生发展和叶片增长的气温为 20～22℃。平均气温超过 25℃，可使苗期缩短，从而使茎枝徒长、基节拉长，不利于蹲苗。平均气温低于 19℃，茎枝分生缓慢，花芽分化慢，始花期推迟，形成"小老苗"。

（2）水分。幼苗期植株需水量最少，约占全期总量的 3.4%。这时最适宜的土壤含水量为田间最大持水量的 45%～55%。低于田间最大持水量的 35%，新叶不展现，花芽分化受抑制，始花期推迟；高于田间最大持水量的 65%，易引起茎枝徒长、基节拉长，根系发育慢、扎得浅，不利于花器官的形成。

（3）光照。每日最适日照时数为 8～10 小时。日照时数多于10 小时，茎枝徒长，花期推迟；少于 6 小时，茎枝生长迟缓，花期提前。花生要求光照强度变幅较大，最适光照强度为 5.1 万勒克斯/平方米，小于 1.02 万勒克斯/平方米或大于 8.2 万勒克斯/平方米都影响叶片光合效率。

# 二、营养生殖生长阶段

此阶段花生处在发棵长叶和开花结果的最盛期，也是营养器官和生殖器官并行生长的阶段，包括开花下针期和结荚期。

## （一）开花下针期

自 10％的苗株始花至 10％的苗株始现定形果，即主茎展现 12～14 片真叶的这一段时间为开花下针期。早熟种需 20～25 天，中晚熟种需 25～30 天。

**1. 生育进程**　根系迅速增粗、增重，大批的有效根瘤形成并发育，根瘤菌的固氮能力迅速增强，并开始对花生供应大量氮素营养。第一、二对侧枝上陆续分生二次枝，并迅速生长。主茎展现的真叶增加至 12～14 片，叶片加大，叶色转淡，光合作用增强。第一对侧枝 8 节以内的有效花芽全部开放，单株开花数达最高峰，开花量占全株总花量的 50％以上，并约有 50％的前期花形成了果针，20％的果针入土膨大为幼果，10％苗株的幼果形成定形果。

**2. 对环境条件的要求**

（1）温度。此期最适宜的日平均气温为 22～28℃。低于 20℃或高于 30℃，开花量明显降低；低于 18℃或高于 35℃，花粉粒不能发芽，花粉管不伸长，胚珠不能受精或受精不完全，叶片的光合效率显著降低。

（2）水分。需水量逐渐增多，耗水量占全期耗水量的 21.8％。最适宜的土壤水分为 0～30 厘米土层的含水量占田间最大持水量的 60％～70％，根系和茎枝得以正常生长，开花增多。如遇伏前旱，土壤含水量低于田间最大持水量的 40％，叶片停止增长，果针伸展缓慢，茎枝基部节位的果针也因土壤硬结不能入土，入土的果针也停止膨大。如果土壤含水量高于田间最大持水量的80%，茎枝徒长，由于土壤孔隙的空气窒息，造成烂针、烂果，根瘤的增生和固氮活动锐减。空气相对湿度对开花下针也有很大影响，当空气相对湿度达100%时，果针伸长量日平均为0.62～0.93厘米；空气相对湿度降至60%时，果针伸长量日平均仅为0.2厘米；空气相对湿度低于50%，花粉粒干枯，受精率明显降低。

（3）光照。最适日照时数为6～8小时，每日光照少于5小时或多于9小时，开花量都会降低。光照强度对花的开放更为敏感，早晨或阴雨天光照强度少于815勒克斯/平方米，开花时间推迟；光照强度在2.1万～6.2万勒克斯/平方米，叶片的光合效率随光照强度增加而提高；大于6.2万勒克斯/平方米，光合效率有所降低。

**（二）结荚期**

自10%的苗株始现定形果至10%的植株始现饱果、主茎展现16～20片真叶为结荚期。早熟品种收鲜果需20～25天，中晚熟品种需25～35天。

**1. 结荚期的生育特性**　此期为花生营养生长和生殖生长的最盛期，生殖生长和营养生长并行。根系的增长量和根瘤的增生及固氮活动、主茎和侧枝的生长量及各对分枝的分生、叶片的增长量均达高峰。在正常条件下，前期有效花形成的幼果多数能结为荚果，约10%的定形果籽粒充实为饱果。此期所形成的荚果占单株总果数的80%以上，果重增长量占总重量的40%～50%。此期需要的适温为25～33℃，结实土层适温为26～34℃，低于20℃或高于40℃对荚果的形成、发育都有一定的影响。

花生的结荚具有明显的不一致性。具体表现在：①结荚时间不一致，有早有迟。早入土的果针早结荚，迟入土的果针迟结荚。因此，在收获时，成熟荚果和非成熟荚果共存，成熟度很不一致。②荚果质量不一致。在收获时，荚果中有饱果、秕果、幼果，有双仁果、单仁果、多仁果，有大果、中果、小果。因此，果与果间的含油率、蛋白质含量、果重等相差很大。如何克服结荚的不一致性，提高整齐度，是花生高产、稳产、优质栽培的重要研究课题。在实际生产中，覆盖地膜一方面能起到保水作用，以利于出苗和齐苗；另一方面，可提高鲜荚果的一致性，使鲜食花生获得高产。

**2. 花生结荚对环境条件的要求**　花生是地上开花、地下结荚的作物，荚果发育对环境条件有特殊的要求。据国内外的研究表明，花生荚果发育需要的条件主要有黑暗、机械刺激、水分、氧气、温度、结荚层的矿质营养以及有机营养供应状况等。

（1）黑暗。黑暗是花生结荚的首要条件，受精子房必须在黑暗的条件下才能膨大。在大田条件下，果针必须入土才能膨大，悬空的果针因缺少黑暗条件始终不能膨大形成荚果。即使入土的果针子房已开始膨大，但因人为措施使子房已膨大的果针露出土面后，子房便停止进一步发育，不能形成荚果。生产上通常见到在培土前进行除草时，不慎把早入土的果针或幼果露出土面，以后即使培土再将它们埋入土中，这些果针或幼果也不能继续发育。

（2）机械刺激。机械刺激也是荚果正常发育的必要条件。没有机械刺激，即使其他条件均满足，子房能膨大，但荚果发育不正常。有试验指出，将花生果针伸入一暗室中，并定时喷洒水和营养液，使果针处于黑暗、湿润、有空气和矿质营养等条件下，子房虽能膨大，但发育不正常。如果将果针伸入一盛有蛭石的小管中，并提供以上相同条件，荚果便能正常发育。说明蛭石、土壤等机械刺激是荚果发育的条件之一。

（3）水分。结荚区的土壤含水量对荚果的形成和发育有重要的影响。结荚期当结荚区干燥时，即使根系能吸收足够的水分，荚果也不能正常发育，荚果小或出现畸形果，产量明显下降。据报道，根部区土壤水分适宜而结荚区土壤干燥时，荚果产量和籽粒产量仅分别为结荚区湿度适宜时的 32.9% 和 23.5%。

结荚期结荚层的土壤含水量相当于田间最大持水量的 60% 左右为宜。当高于 70%，水分过多，容易烂果；当低于 40%，荚果膨大受影响。

（4）氧气。荚果发育需要充足的氧气，如果土壤水分过多，则荚果发育缓慢，甚至出现烂果、烂柄。此外，土壤过于板结，也不利于荚果发育。

（5）温度。荚果发育所需时间长短以及发育的好坏，与温度高低有密切关系。一般认为，荚果发育的最适宜温度为 25～33℃，低于 20℃ 发育缓慢，低于 15℃ 停止发育，但温度高于 37～39℃，荚果的发育也受影响。据试验，荚果区土温保持在 30.6℃ 时，荚果发育最快、体积最大，重量也最重；若高达 38.6℃ 时，则荚果发育缓慢；若低于 15℃ 时，荚果则停止发育。花生荚果发育阶段处于高温期，温度过高不利于荚果的发育，因而百果重较轻。例如，同一地方种植大四粒红鲜食花生，4 月 10 日春季种植其百果重为 529 克，而 6 月 26 日夏季种植其百果重则只有 466 克。在单位面积的饱果率同样在 65% 的情况下收获，春季种植的单产比夏季种植的高 50.28%。

（6）矿质营养。结荚期是花生对矿质营养吸收最旺盛的时期。其中，吸收的 N 占全生育期的 23.7%～53.8%，$P_2O_5$ 占全生育期的 15.5%～64.7%，$K_2O$ 占全生育期的 12.4%～66.3%。吸收的养分集中供应荚果发育的需要。

除了根系能吸收养分外，果针和荚果也具有吸收矿质营养的能力。现已证明，氮、磷等大量元素可由根、茎等运向荚果，但结荚区缺乏氮或磷，对荚果发育仍有较大的影响。因此，结荚区土壤矿质养分供应状况与荚果发育有密切关系。结荚区缺钙，不但秕果增多，而且会产生空果。钙示踪证明，根系吸收的钙绝大部分保留在茎叶中，运向荚果的数量很少，只有果针和幼果吸收的钙才能满足荚果发育的需要。

（7）有机营养供应状况。据广东省农业科学院试验，在结荚期人工剪叶，剪叶 1/2 时减产 42%，剪叶 3/4 时减产 65%，全部剪叶时减产 73%。由此证明，碳水化合物等有机营养的供应状况对荚果的发育也有重要影响。结荚期有机营养供应不足或分配不协调是造成荚果发育不良的原因之一。保持后期绿叶不早衰和植株不徒长，是提高花生饱果率、提高花生产量的重要条件之一。

## 三、生殖生长阶段

此阶段是荚果充实饱满、以生殖器官生长为主的阶段，也就是饱果成熟期。饱果成熟期，即自 10% 的苗始现饱满荚果至单株饱果指数早熟种达 80% 以上，中晚熟种达 50% 以上，主茎鲜叶片保持 4～6 片的一段时间。早熟品种为 25～30 天，中晚熟品种为 35～40 天。

此期根的活力减退，根瘤菌停止固氮活动，并随着根瘤的老化破裂而回到土壤中营腐生生活。茎枝生长停滞，绿叶变黄绿色，中下部叶片大量脱落，落叶率占总叶片的 60%～70%，有 30%～40% 绿叶片行使光合功能，维持植物体生命，加快营养器官的光合产物向荚果转移的速率，荚果重量急剧增加。

此期平均气温低于 20℃，地上部茎枝易枯衰，叶片易脱落，光合产物向荚果转移的功能期缩短；结实层平均地温低于 18℃，荚果就停止发育。如果温度高于上述界限，营养体功能期延长，荚果产量显著增高。此期根系的吸收力减退，蒸腾量和耗水量明显减少，其耗水量约占全生长期总量的 18.7%。此外，荚果充实饱满需要良好的通气条件。因此，最适宜的土壤含水量为田间最大持水量的 40%～50%。如果高于田间最大持水量的 50%，荚果籽仁充实减慢；低于田间最大持水量的 40%，根系易受损，叶片早脱落，茎枝易枯萎，影响荚果的正常成熟。

花生荚果的发育过程可分为两个阶段，即荚果膨大阶段和荚果充实阶段。

**1. 荚果膨大阶段** 从形成鸡头状幼果至荚果大小基本定型的这段时间为荚果膨大阶段。主要表现为荚果体积急剧增大，荚果基本定型，但荚果的含水量多，内含物多为可溶性糖，油分很少，果壳木质化程度低，前室网纹化不明显，荚壳光滑、白色，果仁尚无经济价值。据观察，珍珠豆型品种、果针入土后 4～5 天，即形成鸡头状幼果；果针入土后 6～20 天，荚果体积增大最快；果针入土 20 天后，荚果大小已基本定型。

**2. 荚果充实阶段** 从荚果大小基本定型至干重基本停止增长的这段时间为果充实阶段。主要表现为荚果干重（主要是种子干重）迅速增加，糖分减少，含油量显著提高，外观上果壳也逐渐变厚、变硬，网纹明显，种皮逐渐变薄，显现出品种本色。珍珠豆型品种约从果针入土 20 天后开始，至果针入土 50～60 天停止，这段时间为荚果充实阶段。

饱果成熟期对环境条件的要求同结荚期。

# 第三节 生长发育需要的营养元素

花生在生长发育过程中，除部分氮素由根瘤菌提供外，还必须经由根部从土壤中吸收充足的多种营养元素，才能满足生长需要。主要有氮、磷、钾、钙、镁、硫等大量元素和硼、钼、铁、锰、铜等微量元素。各营养元素在花生的生长和发育过程中都有其独特的生理功能。

## 一、氮

花生所需要的氮素营养成分是以铵态氮和硝态氮的形式吸收的。主要来源有土壤供氮、肥料供氮和根瘤菌固氮 3 种形式。花生对氮肥中的氮当季吸收利用率为 50% 左右。花生对氮素的吸收，随生育的进展和生物产量的增加而增加，以开花下针期和结荚期最多，幼苗期和饱果期较少，氮素主要参与蛋白质、叶绿素和磷脂等的合成和生理功能中的物质代谢过程，促进花生生长发育、开花结果及籽粒的饱满。

氮素是花生体内许多重要有机化合物的组成成分，对花生的生命活动有重大作用。氮素直接参与蛋白质和核酸的合成，也是叶绿素、各种酶、维生素和生物碱的组成成分。当氮素供应适宜时，花生生长茂盛，叶面积增长快，叶色绿，光合强度高，荚果饱满度好。缺氮时，花生植株发育不良，叶色变黄，叶片小，植株开花少，分枝减少，光合强度低，荚果饱满度差，产量低；若氮素过多，则会使植株徒长倒伏，贪青晚熟，不利于荚果生成和果仁的饱满，从而造成减产。

## 二、磷

磷以磷酸状态被花生吸收和利用，以磷脂、核蛋白等有机状态存在于花生籽仁中，花生对磷的吸收量虽比氮和钾少，但是磷对花生的生育和产量所起的作用却十分突出。磷素参与有机磷化合物的合成，是遗传物质核糖核酸和脱氧核糖核酸的必需成分。在花生生育期，磷酸以无机状态存在于茎、叶等器官中，参与植株机体的碳氮代谢过程，对光合作用的进行、蛋白质的合成和油分的转化起着重要作用。磷能有效地增强根瘤菌的固氮能力，改善植株氮素营养，起到"以磷增氮"的作用。磷素还能提高花生的抗逆性，如抗旱性、耐涝性等。施用磷肥有极显著的后效。

缺磷植株生长缓慢，矮化，分枝少，根系发育不良，次生根少，叶色深绿色、发暗、无光泽，由于花青素的积累，下部叶片茎基部常呈红色或有红线。幼苗期，在天气寒冷的情况下，往往出现严重缺磷症状。但当天气转暖、根系扩展后，症状一般消失。整个花生生长过程对磷素的吸收分配，是开花下针期和结荚期需要多，幼苗期和饱果期需要少。幼苗期的运转中心是茎部；开花下针期运转中心由茎部转向果针和幼果；结荚期运转中心仍集中在早果针和幼果；饱果成熟期的运转中心转向荚果，对提高饱果率起决定作用。

## 三、钾

钾被吸收后，在植株体内，可溶性盐以离子状态吸附在原生质表面。钾素虽不是有机物质的组成部分，但其参与各种生理代谢活动，能提高光合作用强度，促进糖代谢和蛋白质的合成，加速光合产物积累、运转和分配，调节叶片气孔的开闭和细胞的渗透压力，提高花生的抗病、抗旱、抗倒伏、耐涝和耐寒能力。钾充足时，植株生长快，酶的活性强，从而提高了光合强度，尤其是弱光下的光合强度；供钾充足的植株吸收氮素多，合成蛋白质的速度快；供钾良好的条件下，花生根瘤菌的固氮能力比低钾条件下提高 2～3 倍。缺钾花生叶片呈深绿色，叶缘棕色焦灼，有黄斑，向下卷，碳氮代谢失调，光合生产率下降。

钾在植株中的移动性强，随着花生的生长发育，钾很容易从老化的组织向幼嫩的组织移动。所以，幼芽、嫩叶和根尖中含钾量都较高，而在成熟的老组织和籽仁中含量较低。

花生对钾的吸收以开花下针期最多，结荚期次之，饱果成熟期较少。

## 四、钙

花生属于喜钙的豆科作物之一，其钙含量高于磷而接近于钾，与同等产量水平的其他作物相比，约为水稻的 5 倍、小麦的 7 倍、大豆的 2 倍。缺钙时，花生种子的胚芽变黑，荚果发育减退，花生的使用价值降低。在严重缺钙的情况下，植株表现出黄化，叶柄脱落、凋萎，顶部死亡，根系不发达，甚至不能形成正常根系，气泡果（指花生由于缺钙而造成气泡果）多，籽仁秕小，单仁果多。

钙是花生生长发育所必需的主要元素之一。钙能加速氮素的代谢，促进花生根系和根瘤菌的形成发育，有利于荚果充实和饱满，减少空壳，提高饱果率。钙是果胶酸钙的组成部分，有助于细胞的结合，并为细胞分裂所必需。钙是若干酶系统的活化剂，在代谢活动中起着重要作用。钙能调节土壤酸碱度，减轻过多铝、钠的毒性，促进土壤微生物的活动，并能提高对某些必要元素的吸收利用能力。

钙在花生植株体内流动性差，在花生植株一侧施钙，并不能改善另一侧的果实质量。根部吸收的钙，不能大量地输送到荚果中去，叶片所吸收的钙，只有 5％～10％可运至荚果中，只有果针和幼果所吸收的钙大多积累于荚果中。花生不同品种类型对钙的吸收量不同，基本顺序是蔓生型＞丛生型＞直立型，大果型品种＞小果型品种，普通型品种＞珍珠豆型品种。花生不同生育期对钙的吸收，以结荚期最多，开花下针期次之，幼苗期和饱果期较少。

## 五、镁

镁是叶绿素和多种酶的组成部分。镁能激发磷酸转移酶的活性，促进磷酸盐的运转。镁有助于碳水化合物的代谢，还参与脂肪的代谢；还能促进维生素 A 和维生素 C 的合成，从而提高花生的品质。土壤中缺镁会使花生顶部叶片叶脉间失绿，茎秆矮化，严重缺镁会造成植株死亡。但镁的含量过高，会使钙的含量降低。

## 六、硫

硫是蛋白质的重要组成成分之一。硫对叶绿素的形成有一定影响。缺硫时，叶片中叶绿素含量降低，叶色变淡黄；严重缺硫时，叶片变成黄白色，叶片寿命缩短。硫还能促进根瘤形成，增强果柄耐腐烂的能力，使花生不易落果和烂果。花生缺硫与缺氮很难区分，其区别是，缺硫时的黄化首先表现于顶端叶片。

## 七、锌

锌参与核素和生长素的代谢，遗传物质 DNA 和 RNA 的聚合酶也是含锌金属酶。所以，锌能促进花生的生长和发育。锌还能改善钾和镁对膜的渗透，促进花生对氮、钾、铁的吸收利用。我国土壤含锌量平均在 100 毫克/千克左右，有效锌含量范围为 0.1～13.8 毫克/千克。土壤中有效锌含量本来就不多，施用氮肥过多就更会导致土壤中有效锌的不足。施用锌肥，可以明显提高产量。缺锌时，生长代谢缓慢，光合作用减弱，花生叶片发生条带状失绿，失绿条带普遍在叶片上最接近叶柄的部分；严重缺锌时，花生整个小叶失绿，节间短，植株矮小，生长受抑制，产量降低。所以，锌肥既有防治作物病害的作用，还能提高农作物品质，提高花生油的质量。

## 八、硼

硼是多种作物所必需的营养元素之一。硼比较集中地分布在茎尖、根尖、叶片和花器官中。硼能加速糖的运转，参与植物生长素和酚化物的代谢。硼可以促进生殖器官的正常发育，硼能刺激花生花粉萌发和花粉管伸长，有利于受精和结实。硼还能促进钙的吸收。花生缺硼时，影响根尖和茎尖的生长，造成花生展开的心叶叶脉颜色浅，叶尖发黄，老叶颜色发暗，叶片厚实呈褐色；植株矮小瘦弱，分枝多，呈丛生状；生殖器官发育不良，开花很少，甚至无花；最后茎尖及根尖生长点停止生长，以至枯死；根容易老化，分生侧根的能力弱，须根很少，下针少，影响荚果和籽仁形成。在花生结果期间缺硼，花生结荚受到严重抑制，荚果空心，籽仁不饱满，不能形成种子。当硼素过多引起中毒时，叶片中铁、蛋白质和叶绿素含量减少。

我国土壤硼含量平均为 42～88 毫克/千克。但水溶性硼含量很低，除个别土壤外，基本上都低于 0.5 毫克/千克（缺硼的临界浓度）。研究证明，在硼供给较差的各种土壤里，施用硼肥对粮、棉、油、糖、果等作物的产量和质量都有提高作用。施硼的效果在甜菜及各类块根作物、豆科和十字花科植物上反应明显。在一些酸性且有机物质含量低的土壤施硼，花生可增产15%。禾本科植物一般需硼较少，但在严重缺硼情况下，施硼仍有良好的效果。

## 九、锰

锰是植物体内脱氢酶、羟化酶、激酶、氧化酶等多种酶的组成成分，又是酶的活化剂。在光合作用过程中，锰参与氧化-还原反应，引发水的光解和氧的释放。锰还能促进花生从外界环境中对离子的选择吸收，从而促进花生的氮素代谢、淀粉水解和糖的转移，提高花生发芽率。植物缺锰时，失绿症状很明显，易引发植物各种代谢过程受阻，造成减产。叶脉间组织缺绿而叶脉本身仍保持绿色，叶缘上有棕色斑点。花生是较耐过量锰的作物，但超量过多，叶片上会出现坏死斑症状。在酸性土壤中，锰的有效性较高；而在石灰性土壤中，锰的有效性下降，易出现缺锰现象。

我国南方酸性土壤里含锰量和有效态锰较多，而在北方石灰性土壤中含锰量和可溶性锰比例都比较小。所以，北方地区施锰肥效果好于南方。大豆、花生对锰肥比较敏感，施锰肥可以提高产量，在缺锰的土壤上施用锰肥，有明显的增产效果。

## 十、钼

钼是硝酸还原酶和固氮酶的组成成分，能促进根瘤菌的固氮作用，可使根瘤菌和其他固氮微生物对空气中氮素的固定能力提高几十倍至几百倍。钼还可改善并提高花生对磷素的吸收，并有消除过量铁、锰、铜等金属离子对花生的毒害作用，从而使花生健壮生长。我国南方和北方都有缺钼的土壤。一般酸性土壤缺钼，当土壤 pH<6 时，容易发生缺钼。植物缺钼时，一般是叶脉间叶色变淡、发黄，而且叶片上有斑点，叶片边缘发生枯焦，重者叶缘向内卷曲、萎蔫。豆科作物缺钼时，根瘤的生长发育不正常，影响其固氮效率等。花生缺钼，则植株会表现出缺氮症状。缺钼花生植株矮小，根系不发达，叶脉失绿，老叶变厚呈蜡质。土壤中钼的有效性随土壤 pH 的提高而提高。但钼含量不能过多，过多会使蛋白质受到破坏。

据试验证明，豆科作物特别需要钼肥，大豆、花生和其他豆类施用钼肥都能增产，大豆增产 6%～36%，花生增产 5%～44%。磷、钼之间有相互促进作用，磷能促进钼的吸收，在作物缺磷时，施钼是能发挥作用的，钼肥与磷肥配合施用，效果要比单独施用好。但各种作物对钼的反应不同，施钼时要根据土壤和作物区别对待，用量不要过多，否则容易造成毒害。施钼时不能盲目地与农药混合施用，以免发生沉淀而降低肥效和药效或出现肥害和药害。

## 十一、铁

铁虽然不参与叶绿素 a 和叶绿素 b 的分子构成，但铁能够影响作物的呼吸作用和光合作用。在叶绿素的合成过程中，需要含铁的酶进行催化。因为铁对叶绿素的合成是绝对不可缺少的。我国土壤中含铁量较高，一般为 1%～4%。引起植物缺铁的主要原因是土壤中铁的有效性差。花生是对铁比较敏感的作物，缺铁时会使根瘤菌的固氮量减少，影响植株生长。缺铁时，花生出现失绿症，叶色呈淡黄色，甚至变为白色，由于铁离子流动性差，所以缺铁时新叶失绿，老叶仍保持绿色。

## 十二、铜

铜是细胞色素酶和多酚氧化酶的组成成分，还参与氮和核酸代谢过程中的酶促作用。铜不足时，还影响花生对硝态氮的吸收。一般作物对铜的需要量很少，但有些作物需要铜参与新陈代谢，增强植物的抗逆性，以利于植物正常生长发育。缺铜的花生植株，节间短，植株矮化，出现矮化与丛生症状，矮化植株呈深绿色，且在早期生长阶段凋萎。幼叶叶尖失绿，出现白色叶斑，新生叶变小呈蓝绿色，完全小叶因叶缘上卷而呈杯状。有时还发生小叶外缘呈青铜色及坏死的缺铜症状，籽粒不饱满。

# 第四章

# 鲜食花生栽培技术

## 第一节　塑料大棚搭建

　　塑料大棚是在塑料小拱棚基础上发展起来的大型塑料薄膜覆盖保护栽培设施。塑料大棚是 20 世纪 60 年代后期引入我国的，最先在蔬菜上应用。20 世纪 50 年代，我国从苏联引进的保护地栽培技术，可谓简易的设施农业。60 年代末，我国北方才初步形成了由简单覆盖、风障等构成的保护地生产技术体系。70 年代，推广地膜覆盖技术，对保温、保水、保肥起到了很大作用。70 年代初，在黑龙江高寒地区、山西晋中等地开始进行小面积的大棚西瓜栽培试验。但因当时处于摸索阶段，栽培管理技术不成熟，再加上当时塑料工业尚不发达，所以没有发展起来。80 年代初期以来，沿海等地区又开始研究和推广大棚西瓜栽培技术，取得了突破性的进展。80 年代中后期，许多地方特别是在浙江省台州市一带，运用单栋式 6 米宽钢管大棚或是 8 米宽提高型钢管大棚加地膜对嫁接后的西瓜进行反季节栽培，实现了西瓜早熟、丰产和优质，取得了明显的增产和增效。进入 90 年代后，这项技术除了广泛用于西瓜外，还用于茄子、番茄等其他蔬菜。我国设施园艺总面积已从 1981 年的 10.8 万亩猛增到 2015 年的 6 160.0 万亩，设施蔬菜面积占到 5 700 多万亩，一跃成为世界设施园艺面积最大的国家，更因为它具有以节约能源为特色的高效实用的生产技术体系，从而在世界设施园艺学术界中占有重要地位。

# 一、塑料大棚的类型

目前，我国塑料大棚的种类很多。根据棚顶的不同形状，大棚可分为拱圆形、屋脊形；根据连接方式不同和栋数的多少，大棚可分为单栋型和连栋型；根据骨架结构形式，大棚可分为拱架式、横梁式、衍架式、充气式；根据建筑材料，大棚可分为竹木结构、混合结构、钢管水泥柱结构、钢管结构及 GRC 预制件结构等；根据使用年限的长短，大棚可分为永久型和临时型。大棚还可以按照使用面积的大小划分为塑料小棚、塑料中棚、塑料大棚 3 种。一般把棚高 1.8 米以上，棚跨宽度 8 米，棚长度 40 米以上，面积 0.5 亩以上的称为大棚；棚高 1～1.5 米，棚跨宽度 4～5 米，面积 0.1～0.5 亩的称为中棚；棚高 0.5～0.9 米，棚跨宽度 2 米，面积 0.1 亩以下的称为小棚。

各种类型的大棚都有自己的性能和特点，使用者可根据当地的气候条件、经济实力和建棚目的灵活选用。

## （一）按屋顶形式区分

**1. 拱圆形大棚**　该类型的大棚是由竹木、圆钢或镀锌钢管、水泥或 GRC 预制件等材料制成弧形半椭圆形骨架（棚体）。其内部结构可分为两种：一种有立柱、拉杆，另一种无立柱。棚架上覆盖塑料薄膜，再用压杆、拉丝或压膜线等固定好，形成完整的大棚。

**2. 屋脊型双斜面大棚**　这种大棚的顶部呈"人"字形，有两个斜面，棚两端和棚两侧与地面垂直，而且较高，外形酷似一幢房子，其建材多为角钢。因其建造复杂、棱角多，易损坏塑料薄膜，故生产上应用日益减少。

## （二）按构建材料区分

**1. 毛竹大棚**　所用的主要材料有：

（1）毛竹。二年生毛竹，长 5 米左右，中间处粗度 8～12 厘米、顶粗度不小于 6 厘米。竹子砍伐时间以 8 月以后为好，这样的毛竹质地坚硬而富有柔韧弹性，不生虫，不易开裂。按 1 亩面积大棚需毛竹 2 000 千克左右来备用。

（2）大棚膜。最佳选用多功能膜（无滴膜），以增加光能利用率，提高棚的保温性能。膜幅宽 7～9 米、厚度 6.5～8 微米，一筒 40 千克的大棚膜可覆盖 1 亩左右。

（3）小棚膜。用普通农膜，膜幅宽 2～3 米，厚度 1.4 微米，亩用量 10 千克。小棚用的竹片长 2～3 米、宽 2～3 厘米。

（4）地膜。选用 1.5～2 米宽的无滴膜，亩用量 3 千克。

（5）压膜线。最好选用聚丙烯压膜线，也可就地取材，亩用量 7 千克。

（6）竹桩。竹桩用毛竹根部制成，长约 50 厘米，近梢端削尖，近根端削有止口，以利于压膜线固定，亩用量约 260 个。

在建造大棚前，要对一些骨架材料进行处理，埋入地下的基础部分是竹木材料的，要涂以沥青或用废旧薄膜包裹，防止腐烂。拱杆表面要打磨光滑、无刺，防止扎破棚膜。

毛竹大棚的建造工序要按以下程序执行：定位放样→搭拱架→埋竹桩（压膜线固定柱）→上棚膜（选无风晴天进行）→上压膜线扣膜（拴紧、压牢）→覆膜。

整块大棚膜的长、宽度均应比棚体长、宽 4 米左右。覆膜时，先沿大棚的长度方向，靠近插拱架的地方，开一条 10～20 厘米深的浅沟。盖膜后，将预先留出的贴地部分依次放入已开好的沟内，并随即培土压实。这种盖膜方式保温性能好，但气温回升后通风较困难，有时只好在棚膜上开通风口，致使棚膜不能重复使用。盖膜时操作简单。

塑料大棚覆盖薄膜以后，均需在两个拱架间用线来压住薄膜，以免因刮风吹起、撕破薄膜，影响覆盖效果。

**2. 825 型和 622 型钢管棚**　所用的主体材料为装配式镀锌钢管，其他主要材料有：

（1）大棚膜。内外膜均选用多功能膜（无滴膜），以增加光能利用率，提高棚的保温性能。外膜幅宽12.5米，厚度8微米，一筒40千克的大棚膜可覆盖1亩左右。内膜选用多功能膜（无滴膜）宽8～10米，厚5微米，覆盖1亩地需25～30千克。

（2）裙膜。高80厘米，根据大棚长度，由旧大棚外膜裁剪。

（3）地膜。选用1.5～2米宽的无滴膜（水稻秧苗膜），亩用量3千克。

（4）压膜线。最好选用聚丙烯压膜线，也可就地取材，亩用量7千克。

（5）拉钩。由铁制材料做成长约50厘米，每边隔1米1个，每亩地约170个。

此类大棚构建按以下程序执行：定位放样→安装拱管（按厂方提供的使用说明书进行组装）→安装纵向拉杆并进行棚形调整→装压膜槽和棚头（安装时，压膜槽的接头尽可能错开，以提高棚的稳固性）→覆膜→安装好摇膜设施。管棚通风口的大小由摇膜杆高低来控制。

## 二、塑料大棚的性能

**1. 透光性能**　光照是大棚内小气候形成的主导因素，直接或间接地影响着棚内温度和湿度的变化。影响棚内光照强度的因素很多，如不同质地的棚膜透光率差异很大，新的聚乙烯棚膜透光率可达80%～90%，而薄膜一经粉尘污染或附着水珠后，透光率很快下降；大棚膜顶的形状、大棚走向以及骨架的遮阳状况等都影响棚内的光照强度。因此，光照条件比中、小塑料棚内优越。据测定，大棚内的光照强度在晴朗的大气相当于自然光的51%；在阴天，棚内散射光则为自然光的70%左右，可基本满足鲜食花生生长发育的要求。棚内光照的垂直变化是：上部光照强度较大，向下逐渐减弱，近地面处最小。

**2. 增温、保温性能**　由于塑料薄膜的热传导率低，导热系数仅为玻璃的 1/4，透过薄膜的光，照射到地面所产生的辐射热散发慢，保温性能好，棚内温度升高快。同时，由于大棚覆盖的空间大，棚内温度比中、小塑料棚要稳定。一般大棚内地温和气温稳定在 15℃ 以上的时间比露地早 30～40 天，比地膜覆盖早 20～30 天。此外，大棚内空间大，可根据情况在棚内加盖小拱棚，其保温效果可得到进一步提高。大棚三膜覆盖鲜食花生一般比露地早播种 75 天左右，比两膜覆盖的早 45 天左右。

## 三、建棚前的准备

大棚投资大，应用年限长，在建棚时要进行周密计划。首先，要选好 3～5 年内都未种过花生和十字花科蔬菜的地块作为建棚场地。而且，建棚场地的选择要符合以下条件：沿海地区按台风东西方向建棚，内陆地区按采光度南北方向建棚。背风向阳，东、西、南三面开阔环无遮阳，以利于大棚采光，丘陵地区要避免在山谷风口处或低洼处建棚；地面平坦，地势较高，土壤肥沃，灌排水方便，水质无污染，地下水位在 1.5 米以下。水电路配套，交通便利，建棚时材料运进和产品运出要方便。建棚前还要充分准备好材料，所有物资都要到位。

## 四、大棚的规模与布局

**1. 确定大方位**　大棚的方位有东西向和南北向两种，即东西向大棚和南北向大棚。两种方位的大棚在采光、温度变化、避风雨等方面有不同的特点。一般来说，东西向大棚，棚内光照分布不均匀，畦北侧由于光照较弱，易形成弱光带，造成北侧棚内花生生长发育不良。南北向大棚则相反，其透光量不仅比东西向多 5%～7%，且受光均匀，棚内白天温度变化也较平稳，易于调节，棚内花生枝蔓生长整齐。因此，通常采用南北向搭建，偏角最好为南偏西，棚的长度控制在 100 米以内。

**2. 合理布局**　大棚的方向确定后，要考虑道路的设置、大棚门的位置和邻栋间隔距离等。场地道路应该便于产品的运输和机械通行，路宽最好能在 3 米以上。大棚最好在一条直线上，便于铺设道路。以邻栋不互相遮阳和不影响通风为宜。一般从光线考虑，棚间距离不少于 2 米，南北距离不少于 5～6 米。

目前，生产上常用的塑料大棚面积为 0.5～1 亩，宽 6～8米，长 40～60 米，保湿性能好，适宜花生栽培。

大棚的长宽比值对大棚的稳定性有一定的影响，相同的大棚面积，长宽比值越大，周长越大，地面固定部分越多，稳定性越好。一般认为，长宽比值等于或大于 5 较好。

棚体的高度要有利于操作管理，但也不宜过高，过高的棚体表面积大，不利于保温，也易遭风害，而且对拱架材质强度要求也高，提高了成本。一般简易大棚的高度以 2.2～2.8 米为宜。

棚顶应有较大坡度，防止棚面积雪，减小大风受力，其高跨比一般为 1：3。

## 五、塑料大棚的建造

**1. 拱圆形竹木结构塑料大棚的建造** 拱圆形竹木结构塑料大棚一般有立柱 4～6 排，立柱纵向间隔 2～3 米，横向间隔 2米，埋深 50 厘米要建造一个面积为 1 亩、棚跨宽度 10～12 米、长 50～60 米、矢高 2～2.5 米的竹木结构大棚，需准备直径 3～4 厘米的竹竿 120～130 根，5～6 厘米粗的竹竿或木制拉杆 80～100 根，2.6 米长的中柱 40 根左右，2.3 米长的腰柱 40 根左右，1.9 米长的边柱 40 根左右，中柱、腰柱和边柱顶端要穿孔，以便固定拉杆。还要准备 8 号铅丝 50～60 千克，塑料薄膜 130～150 千克。

确定好大棚的位置后，按要求划出大棚边线，标出南北两头 4～6 根立柱的位置，再从南到北拉 4～6 条直线，沿直线每隔 2～3 米设一根立柱。支柱位置确定后，开始挖坑埋柱，立柱埋深 50 厘米，下面垫砖以防立柱下陷，埋好后要踏实。埋立柱时要求顶部高度一致，南、北向立柱在一直线上。

立柱埋好后即可固定拉杆，拉杆可用直径 5～6 厘米粗的竹竿或木杆，用铁丝沿大棚纵向固定在中柱、腰柱和边柱的顶部。固定拉杆前，应将竹竿烤直，去掉毛刺，竹竿大头朝一个方向。

拉杆装好后再上拱杆，拱杆是支撑塑料薄膜的骨架，沿大棚横向固定在立柱或拉杆上，呈自然拱形，每条拱杆用两根，在小头处连接，大头插入土中，深埋 30～50 厘米，必要时两端加"横木"固定，以防拱杆弹起。若拱杆长度不够，则可在棚两侧接上细毛竹弯成拱形插入地下。拱杆的接头处均应用废塑料薄膜包好，以防止磨坏棚膜，大棚拱杆一般每两根间隔 1.0～1.5 米。

扎好骨架后，在大棚四周挖一条 20 厘米宽的小沟，用于压埋棚膜的四边。在采用压膜线压膜时，应在埋薄膜沟的外侧设地锚。地锚可用 30～40 厘米见方的石块或砖块，埋入地下 30～40 厘米，上用 8 号铁丝做个套，露出地面。

上述工作做完后，即可扣塑料薄膜，扣膜应选在无风的天气进行。选用厚度为 0.08 毫米的聚氯乙烯无滴膜，增强透光性，增加光能利用率，秋冬季鲜食花生也可用聚乙烯薄膜或是用过一次的旧薄膜。根据大棚的长度和宽度，购买整块薄膜。一般两侧围裙用的薄膜宽 0.8～1.0 米，选用上季或上年用的旧薄膜。扣膜时，顶部薄膜压在两侧棚膜之上，膜连接处应重叠 20～30 厘米，以便排水和保温。扣棚膜时要绷紧，以防积水。

棚膜扣好后，用压杆将薄膜固定好。压杆一般选用直径 3～4 厘米粗的竹竿，压在两道拱杆之间，用铁丝固定在拉杆上。有的地方不用压杆，而是用 8 号铁丝或压膜线，两端拉紧后固定在地锚上。

大棚建造的最后一道工序是开门、开天窗和边窗。为了进棚操作，在大棚南北两端各设一个门，也可只在南端设一个门。门高 1.5～1.8 米、宽 80 厘米左右。大棚北端的门最好有 3 道屏障，最里面一层为木门，中间挂一草苫，外侧为塑料薄膜，这样有利于防寒保温。为了便于放风，可把大棚两端的"门"（做成活门）取下横放在门口，或在薄膜连接处扒口进行通风。拱圆形竹木结构塑料大棚结构示意图见图 4-1。

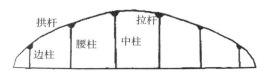

图 4-1 拱圆形竹木结构塑料大棚结构示意图

**2. 竹木水泥混合拱圆形大棚的建造**　这种大棚的建造方法与竹木结构基本一致。但所插立柱是用水泥预制成的。立柱的规格：断面可以为 7 厘米×7 厘米或 8 厘米×8 厘米或 8 厘米×10 厘米，长度按标准要求，中间用钢筋加固。每根立柱的顶端制成凹形，以便安放拱杆，离顶端 5～30 厘米处分别扎 2～3 个孔，以便固定拉杆和拱杆。一般 1 亩大棚需用水泥中柱、腰柱各50～60 根。

## 六、塑料大棚的覆盖材料

**1. 农膜**　按其加工的原料来分，有聚乙烯（PE）膜、聚氯乙烯（PVC）膜、乙烯-醋酸乙烯（EVA）膜等。其中，以乙烯-醋酸乙烯膜性能最好，而聚氯乙烯膜最差。按其性能来分，有普通膜、防老化膜、无滴膜、双防膜、多功能转光膜、多功能膜、高保温膜等。

（1）棚膜。棚膜一般厚 0.07～0.1 毫米、膜幅宽 8～15 米。棚膜应该符合以下要求：透光率高；保温性强；抗张力、伸长率好，可塑性强；抗老化、抗污染力强；防水滴、防尘；价格合理，使用方便。浙江慈溪当地早春多阴雨、低温、寡照，宜选用多功能转光膜或多功能膜作棚膜覆盖。现阶段最好的棚膜是 EVA 膜。此膜以乙烯-醋酸乙烯为原料，在添加防雾滴剂后具较好的流滴性和较长的无滴持效性。其优点：①保温性好。据浙江省农业厅测定，EVA 膜夜间温度比多功能膜高 1.4～1.8℃。②无滴性强。由于 EVA 树脂的结晶度较低，具有一定的极性，能增加膜内无滴剂的极容性和减缓迁移速率，有助于改善薄膜表面的无滴性和延长无滴持效性。③透光率高。据测试，EVA 膜透光率为 84.1%～89.0%，覆盖 7 个月后仍有 67.7%；而普通膜则由 82.3%降至 50.2%，多功能膜降至 55.0%。EVA 膜的高透光率还表现在增温速度快，有利于大棚作物的光合作用。④强度高，抗老化能力强。新膜韧性、强度高于多功能膜，强度断（断裂伸长率）仍保持新膜的 95.0%左右，一般可用两年。

（2）地膜。国产地膜的原料为聚乙烯树脂，其产品分普通地膜和微薄地膜两种。普通地膜厚度 0.014 毫米，使用期一般在 4 个月以上，保温增温、保湿性较好。微薄地膜厚度为 0.007 毫米，为普通地膜的一半，质轻，可降低生产成本。按颜色分，有黑色、银灰色、白色、绿色地膜，以及黑色与白色、黑色与银白色的双色地膜。鲜食花生早春、秋冬季应选择普通地膜，以利于增温，春、夏季露地可选择微薄地膜。

地膜的作用是提高地温，抑制杂草，抑制晚间土壤辐射降温，保持土壤湿度，改善作物底层光照，避免雨水对土壤的冲刷，使土壤中肥料加速分解并避免淋失，有利于土壤理化性状改善和肥料的利用。在鲜食花生生产过程中，覆盖地膜的另一个重要作用是使荚果成熟度一致，以利于统一上市，提高产量和效益。

**2. 草帘** 由稻草、蒲草等编织而成，保温效果明显、取材容易、价格低廉。草帘多在较寒冷的季节或强寒潮天气，覆盖在大棚内小棚膜上或围盖在裙膜上作为增温的辅助材料。使用草帘，一定要加强揭盖管理，当天气转暖或有太阳时，及时揭去草帘。早春或秋冬季草帘多在夜晚使用，白天一般都要揭帘，以增加棚内光照。

**3. 聚乙烯高发泡软片** 白色多气泡的塑料软片，宽 1 米、厚 0.4～0.5 厘米，质轻能卷起，保温性能与草帘相近。

# 第二节　深耕与整地

## 一、深耕

作物生长需要一定的耕作深度，农户常年用畜力步犁耕地，犁底不平，耕作深度一般只有 12 厘米左右，而且不能很好地翻松土壤。用小四轮拖拉机带铧式犁或旋耕机进行浅翻、旋耕作业，土壤耕层只有 12～15 厘米，致使耕作层与心土层之间形成了一层坚硬、封闭的犁底层，长此以往，熟土层厚度减少，犁底层厚度增加，很难满足作物生长发育对土壤的要求，导致产量受到影响。另外，长期反复大量施用化肥和农药，微生物消耗土壤有机质，磷酸根离子形成难溶性磷酸盐，破坏了土壤团粒结构，土壤表层逐渐变得紧实。坚硬板结的土层阻碍了耕作层与心土层之间水、肥、气与热量的连通性，严重影响土壤水分下渗和透气性能，作物根系难以深扎，导致耕作层显著变浅，犁底层逐年增厚，耕地日趋板结。理化性状变劣，耕地地力下降，制约了产量的提高。

机械深耕是土壤耕作的重要内容之一，也是农业生产过程中经常采用的增产技术措施，目的是为作物的播种发芽、生长发育提供良好的土壤环境。首先，利用机械深松深翻，可以使耕作层疏松绵软、结构良好、活土层厚、平整肥沃，使固相、液相、气相比例相互协调，适应作物生长发育的要求。其次，可以创造一个良好的发芽种床或菌床。对旱作来说，要求播种部位的土壤比较紧实，以利于提墒，促进种子萌动；而覆盖种子的土层则要求松软，以利于透水透气，促进种子发芽出苗。最后，深耕具有清理田间残茬杂草、掩埋肥料、消灭寄生在土壤和残茬上的病虫等作用。

深耕包括深翻耕作（即传统深耕）和深松耕作。

深翻耕作是土壤耕作中最基本也是最重要的耕作措施，它不仅对土壤性质的影响较大，同时作用范围广，持续时间也远比其他各项措施长，而且其他耕作措施如耙地等都是在这一措施基础上进行的。深翻耕作具有翻土、松土、混土、碎土的作用。机械深翻耕作的技术实质是用机械实现翻土、松土和混土。

深松耕作是指超过一段耕作层厚度的松土。机械深松耕作的技术实质是通过大型拖拉机配挂深松机，或配挂带有深松部件的联合整地机等机具，松碎土壤而不翻土、不乱土层。通过深松土，可在保持原土层不乱的情况下，调节土壤三相比例，为作物生长发育创造适宜的土壤环境条件。机械深松整地作业为进行全方位或行间深层土壤耕作的机械化整地技术。这项耕作技术可在不翻土、不打乱原有土层结构的情况下，通过机械达到疏松土壤、打破坚硬的犁底层、改善土壤耕层结构，增加土壤耕层深度，起到蓄水保墒、增加地温、促进土壤熟化、提升耕地地力的作用。同时，还能促进作物根系发育，增强其防倒伏和耐旱能力，为作物高产稳产奠定一定的基础。

## 二、整地

### （一）整地的增产效果

为获取鲜食花生的高产，提高经济效益，必须把土质瘠薄的斜坡地，整成土层深厚、上下两平、能排能灌的高产稳产农田。把跑水、跑土和跑肥的低洼田逐步改造成保水、保土和保肥的"三保田"。

### （二）整地的技术要求

**1. 上下两平，不乱土层**　为使新整农田当年创高产，在整地标准上首先要求地上和地下达到"两平"。地上平是为了减少雨后径流，防止水土流失，有利于排灌，故应根据水源和排灌方向，保持一定坡降，一般是梯田的纵向为 0.3%～0.5%，横向为 0.1%～0.2%。地下平是要求土层保持一定的厚，不能一头厚、一头薄或一边深、一边浅。如果土层深浅不等，花生的生长就不会一致，达不到平衡增产的目的。一般土层深度要求保持在 50 厘米以上，先填生土，后垫熟土，使熟土层保持在 20～25 厘米为宜。或者采取"两生夹一熟"的办法，即在熟土上垫上 3～5 厘米生土，进行浅耕混合，以促进生土熟化。

**2. 增施肥料，灌水沉实**　为促进土壤熟化，要结合冬春耕地，增施有机肥料，重施氮、磷、钾化学肥料，特别是增施氮素化肥，对花生发苗增产有重要作用。一般每亩施土杂肥 27 500 千克、标准氮素化肥 30～40 千克、过磷酸钙 40～80 千克、硫酸钾 10～15 千克或草木灰 100～150 千克。据试验，每亩施 2 500 千克圈肥，再加施 15～20 千克标准氮素化肥、30～40 千克过磷酸钙、8～9 千克氯化钾，每亩产荚果 310.1～336.8 千克，比单施 2 500 千克圈肥多产果 31.3～84.7 千克。

新整农田由于大起大落，土层悬空不沉实，没有形成上松下实的土层结构，气、水矛盾激化。有的在土层内还有许多暗坷垃，透风跑墒，播种的花生往往因底墒不足而落干吊死，造成缺苗断垄；或遇雨水过多，土壤蓄水过大，地温下降，造成芽涝；或土层塌陷，拉断根系，造成弱苗或死苗。因此，在整地后，应采取灌水沉实的办法，使上下悬空的土层上松下实，灌水要在冬季封冻前或早春解冻后进行。灌水过迟，会造成土壤黏实，地温回升慢，影响适期播种和正常出苗。灌水时要开沟、筑埂，以便灌透、灌匀。灌水后及时整平地面，耙平耢细，以利于保墒防旱。灌水量不要过多，以润透土层为宜，以免造成上层板结，影响整地效果。

**3. 三沟配套，能排能灌**　新整农田要建成高产稳产田，除结合水利配套设施，做好排灌系统外，还要抓好三沟配套，做到防冲防旱、能排能灌，使沟沟相连，彻底解决雨后"半边涝"和"旱天灌溉"问题。

# 第三节 肥料与施肥

## 一、肥料的种类

### （一）有机肥料

有机肥料是花生的基本肥料。常用的有土圈粪（厩肥）和饼肥。这些肥料不仅含有氮、磷、钾、钙，还含有各种微量元素和大量有机质，因此也属于完全肥料。

**1. 土圈粪**（厩肥） 花生的主要肥料，由牲畜粪尿、秸秆、杂草和泥土混合沤制而成，其肥效高低与掺土比例、肥源种类、沤制方法和腐熟程度有很大关系。一般含碱解氮 0.15％～0.45％、有效磷 0.15％～0.4％、速效钾 0.3％～1.1％、有机质 2％～20％。所以，施用土圈粪，不但能供给花生各种矿物质养分，而且能促进土壤微生物活化和疏松土壤。长期施用，能改良土壤结构，使沙地不散不板，提高蓄水保肥力，使黏土疏松发活，增强通透性，起到用地养地、不断培肥地力的作用。据考察，亩施 500 千克土圈粪，当年可增产花生荚果 10～25 千克/亩。

**2. 饼肥** 油料的种子经榨油后剩下的残渣，这些残渣可直接作肥料施用。饼肥的种类很多，其中主要的有豆饼、菜籽饼、棉籽饼等。饼肥的养分含量，因原料不同、榨油方法不同，各种养分的含量也不同。一般含水 10％～13％、有机质 75％～86％，是含氮量比较多的有机肥料。豆饼含氮 7.0％、磷 1.12％、钾 2.13％；菜籽饼含氮 4.98％、磷 2.06％、钾 1.90％；棉籽饼含氮 3.11％、磷 1.63％、钾 0.97％。在施用前要进行沤肥，以免烧根。亩施 500～1 000 千克，不但能改善土壤团粒结构，当年可增产花生荚果 25 千克以上。

可用密封的缸、罐、瓶等沤制，但用罐、瓶沤制时不能绝对密封，因为沤制产生的气体可能将罐、瓶涨破，以免发生危险。沤制时间为 2~3 个月，依温度高低而定，施用时可将上面的清液兑水 20~30 倍浇灌，清液取出后还可加水继续沤制。

## （二）化学肥料

化学肥料（以下简称化肥）有效养分含量高，与有机肥料配合作基肥或单独作种肥及追肥，增产效果都十分显著。

**1. 氮素化肥**　目前施用的氮素化肥，主要有碳酸氢铵、硫酸铵、氯化铵、硝酸铵和尿素，其全氮含量分别为 17％、20％、24％~25％、33％~34％、44％~46％。生产实践证明，氮素化肥在中等肥力和低肥力的花生田与有机肥料配合作基肥、种肥和追肥都有较明显的增产效果。据试验，亩施标准氮素化肥（含氮 20％）12.5 千克，平均增产 4.8％~20％，折合每千克成品肥料增产荚果 2.3~4.6 千克。除作基肥施用外，作追肥以幼苗期增产最显著，每亩追施 5~10 千克标准氮肥增产 9％~11％。鲜食花生在早春三膜覆盖或是在春季种植时不建议单独施用氮素化肥，以免烧苗和因氮素化肥吸收热量而冻伤幼苗。

**2. 磷素化肥**　广泛应用的主要有过磷酸钙和钙镁磷肥 2 种。过磷酸钙含水溶性磷肥 15％~20％，属生理酸性肥料，有效磷可溶于水，肥效快，可以施于中性和碱性土壤。钙镁磷肥属生理碱性肥料，含枸溶性磷肥 12％~18％，有效磷不溶于水，能溶于微酸性溶液，肥效较慢，最好施于中性和酸性土壤。我国花生产区大多数土壤都缺磷素营养，所以施用磷肥有明显的增产效果。据山东省试验，平均亩施磷肥 12 千克，亩产荚果 201.2 千克，比不施磷肥的增产 31.8 千克，增产率为 17.8％，折合每千克成品磷肥增产荚果 2~7 千克。又据广东省试验对比，亩施磷肥 5~30 千克，比不施磷肥平均增产荚果 37.65 千克，每千克成品磷肥增产荚果 2.17 千克。另据山东省花生研究所的分析，施用磷肥还能提高花生品质。

此外，在山丘花生产区广泛分布着一些低品位磷矿——含磷风化石，是一种天然磷肥资源。一种是火成岩含磷风化石，多产于辽宁、山东、河南、湖北等省的火成岩丘陵山地。另一种是沉积岩含磷风化石，多分布于沉积岩丘陵花生产区。这两种类型含磷风化石全磷含量 0.5%～3%，有效磷 500～2 000 毫克/千克。虽然全磷含量较低，不能作磷肥工业原料，但因含有一定数量的有效磷，若就地取材，开发利用来压沙改土，有明显的增产效果。据试验，亩压施含磷风化石 10～15 立方米，比不压的增产荚果 35.4 千克/亩。起垄包施（即施在垄沟里的肥料）含磷风化石 3～5 立方米，相当于 15 千克标准过磷酸钙的效果。

**3. 钾素化肥**　常用的有氯化钾和硫酸钾，都是高浓度化肥，氯化钾含氧化钾 50%～60%，硫酸钾含氧化钾 48%～52%，都是生理酸性肥料，尤适于中性和碱性土壤。在酸性土壤中施用，应配合施有机肥和石灰。钾在土壤中移动性很小，应作基肥施用。钾离子与钙离子有拮抗作用，结实层施多了，易造成烂果病，因此要注意深施。施用钾肥有一定的增产效果，在棕壤花生产区试验，平均每千克成品钾肥增产荚果 1～3 千克；在石灰性潮土花生产区试验，平均每千克钾肥增产荚果 5.3 千克；在红壤中施用，平均每千克钾肥增产荚果 7.3 千克。

**4. 钙素化肥**　常施用的有石灰和石膏。石灰有生石灰和熟石灰之分，都是生理碱性肥料。主要用于酸性缺钙的土壤，补钙可以降低土壤酸性，改良土壤物理性状，减轻铁、铝等三氧化物聚集对花生的毒害。如广东省阳江市在酸性红、黄壤花生田结合施用有机肥亩施石灰 25～100 千克，产量随石灰施用量而增加，增产幅度为 5%～20%。又如浙江吉安农场红壤花生田，亩施石灰 50 千克，增产荚果 26.3 千克/亩。

石膏主要成分是硫酸钙，其中氧化钙含量达 80%，能溶于水，属生理酸性肥料。最适在中性缺钙的棕壤土和石灰性盐碱地施用。如山东威海地区在棕壤花生田亩基施生石膏 25 千克，亩产荚果 307.5 千克，基肥施过酸钙 25 千克，亩产荚果 322.5 千克，分别比不施钙肥的增产荚果 11.8％和 16.3％。石膏在盐碱地不仅可以补充活性钙，而且可以调节土壤酸碱度，减少土壤溶液中过量的钠盐对花生根系的危害。因此，在江淮和黄泛平原及内陆盐碱沙土区种花生，施用石膏能显著增产。

南方水稻土，由于营养元素流失，单施钙能促进营养物质从营养体向荚果转运调节花生生长、改善花生品质，花生籽仁蛋白质含量能提高 7％左右。

**5. 硼素化肥** 硼是花生生长过程中必不可少的微量元素之一，对花生开花结实有重要的作用。花生缺硼时，叶片小而皱缩，叶片黄枯、厚而脆，叶柄下垂。主茎和侧枝短束，茎顶端叶片容易脱落，生长点焦枯坏死，株型矮小，呈"丛生"状。茎部和根茎有明显的裂缝，根系不发达，须根少，短根多，根尖有坏死斑点。开花时间长，花量少，不结果或结少量的秕果。地上部分症状不甚明显。主要表现为"有果无仁"，秕果和空壳果增多，籽粒变小呈畸形，严重影响花生的产量和品质。

（1）作基施时，亩使用持力硼 200～500 克，拌细土或复混肥料、复合肥料等 10～20 千克混合均匀，开沟条施或穴施，或在播种时施用于种子一侧，然后盖土。特别注意，不能将持力硼施在种子下方，以免影响花生发芽和出苗。未基施持力硼的，也可在花生出苗后至落针前追施一次，但需注意持力硼一季只需使用一次。

（2）叶面喷施硼肥，能够快速补充作物所需硼素，使用方便。速乐硼喷施浓度 0.1％～0.15％，亩用水量 45 千克左右，在花生初花期和荚果期各喷施一次，效果较好。以喷雾均匀、叶面充分湿润为宜，喷施时间以晴天傍晚喷施效果好，喷肥后 4 小时内遇雨，应当补喷一次。

单施硼能使水稻土鲜食花生增产 4％，花生籽仁粗脂肪含量提高 5.70％。钙、硼配施促进各种营养元素吸收和积累，增产效果达到 10％以上，显著改善花生品质。

**6. 复合肥料**　含有 2 种或 2 种以上营养元素的肥料，是现在生产上常用的肥料。它的优点是：能同时供给花生所需的多种营养元素，可解决单元素化肥造成的养分失调；能改善化肥的挥发、吸潮、结块等不良性状，肥效成分含量高，施用量相应减少，能节省运费和人力，从而降低成本。此类肥料多为颗粒状，适于人工和机械施用。按复合肥料中所含肥料要素种类，可分为二元复合肥料、三元复合肥料和多元复合肥料。按合成方法，大致可分为化学合成和机械混合两大类。

（1）化学合成复合肥料。肥效成分固定，如磷酸铵、硝酸磷肥和磷酸二氢钾等。磷酸铵（包括磷酸一铵和磷酸二铵），含氮 12％～18％，含磷 46％～52％。磷酸铵是一种以磷为主的磷、氮复合肥，特别适合豆科作物施用，用作基肥、种肥和追肥均可，但用量不宜过多，以免烧种。在花生田的施用效果，比施等量磷肥和等量氮肥的综合肥效高。如在棕壤花生田亩施 10 千克磷酸铵作基肥，增产荚果 95.5 千克/亩，比施等量磷、氮的过磷酸钙和尿素亩增产荚果 16.94 千克。硝酸磷肥含氮和磷各 20％，为化学中性、生理酸性肥料，适合各种土壤花生田施用，在低肥力花生田，每千克成品肥料增产荚果 5～8 千克。磷酸二氢钾含磷酸 24％，含氧化钾 27％，呈酸性反应，在作物细胞中具有缓冲作用，能减缓花生在碱性条件下的影响，适合碱性土壤施用。目前，花生用 0.1％～0.2％磷酸二氢钾溶液根外追肥或 0.2％溶液浸种，都有很好的效果。

（2）机械混合复合肥料。几种单元素化肥的机械混合物，肥效成分不固定。如氮、磷、钾各 10％的三元复合肥料，是在制硝酸磷肥的基础上，添加钾盐后制成的，为淡褐色颗粒，有吸湿性。生产时可根据需要，配制不同的比例。其中，氮素为硝酸铵态，钾素为硫酸钾态，都是水溶性的，而磷素有 30％～50％为水溶性，50％～70％为弱酸溶性，与单质化肥等量配合施用的肥效基本近似。多元素颗粒肥，是一种既含氮、磷、钾常量元素，又配合多种微量元素在内的新型复合肥料。一般是将多种元素按不同比例配合，用腐殖质作黏合剂，黏结成颗粒肥料。它既有化肥的通性，便于作物吸收，又具有机肥的特点。目前，国内花生专用复合肥料有 10 多种，如山东的"震鲁丹""丰裕素"等。

## 二、花生的施肥原则和方法

施肥的目的是既养地又养苗，不断培肥地力，获取高产。为了充分发挥肥料的潜力，必须根据肥料的性质，掌握施肥的原则和方法。

### （一）花生的施肥原则

**1. 以有机肥为主、化肥为辅**　我国花生多种在山丘旱薄地，土层浅，质地劣，结构差，肥力低。为改良土壤，提高地力，施肥应以有机肥为主、化肥为辅。

**2. 有机肥与化肥配合施**　花生地由于土层浅、结构差，单施化肥容易流失，有效磷容易被土壤固定而降低肥效。有机肥和化肥配合施用，既可减少化肥有效成分的流失，又能促进土壤中微生物的活化，加速有机肥的分解，提高花生对肥料的吸收利用率。

**3. 氮、钾肥全量施，磷肥加倍施**　在当前测土施肥不普及的条件下，采取以田定产、以产定肥的办法，即根据花生不同产量水平的氮、磷、钾养分需求量，按"氮、钾全量施，磷肥加倍施"的原则预估施肥量较为实际，花生预估氮、磷、钾养分需求量基础数值为每生产 50 千克荚果需氮 2.5 千克、五氧化二磷 1 千克、氧化钾 1.25 千克，磷肥加倍施，就是五氧化二磷按 2 千克计算。

**4. 施足基肥，适当追肥**　花生多为旱地栽培，所施肥料又多为迟效性有机肥，而且花生根系的吸肥能力是在开花下针以前最强。因此，同样数量的肥料，往往作基肥和种肥的效果比追肥高。在大面积生产田，如能一次施足基肥，一般可以少追肥或不追肥。如果必须追肥，应该追施速效肥，并须掌握"壮苗轻施、弱苗重施，天旱淡施、地湿浓施"的原则，适时适量追肥。在鲜食花生生产中，一般一次性施足基肥，可以不追肥。因为在地膜覆盖条件下，追肥在实际操作中往往在生产上加大了劳动量，尤其在早春大棚三膜覆盖中，揭膜降低保温性，使花生生长受阻，给花生生产带来一定的麻烦。

## （二）花生的施肥方法

**1. 基肥和种肥**　在播种前结合耕地铺施的肥料叫"基肥"，也叫"底肥"；结合播种开沟或开穴集中施的肥叫"种肥"，也叫"口肥"。花生施肥要特别注意保持和提高肥效，做到既养地又养苗。早春大棚三膜覆盖条件下，全部的钾肥和2/3的有机肥、尿素和过磷酸钙结合冬耕或早春耕地时铺施，其余1/3的有机肥、尿素和过磷酸钙或复合肥混合集中作种肥。但要注意肥、种隔离以免烧种。为了提高磷肥肥效和减少优质有机肥的氮素损失，施肥前将过磷酸钙与有机肥拌和堆沤15～20天，这样既能使磷肥中的迟效磷在有机酸的作用下释放出来，又能使有机肥中易挥发的氮素与磷肥中的游离酸结合成磷酸铵或硫酸铵，起到促磷保氮作用。南方红、黄壤花生田，亩施25～50千克熟石灰；北方中性棕壤和黄淮、江淮内陆潮碱土，亩施15～25千克石膏作种肥，以补充钙素和调节土壤酸碱度。硼肥与有机肥、化肥一起混匀施入。

**2. 根外追肥**　花生叶片有较强的吸收氮磷钾营养的能力，在花生结荚饱果期脱肥又不能进行根际追肥的情况下，亩用0.5%～1%尿素溶液和2%～3%过碳酸钙溶液或0.1%～0.2%的磷酸二氢钾溶液50～75升，进行叶面喷施1～2次，能起到保叶、保根，延长花生顶叶功能期，提高结实率和饱果率的效果。

# 第四节　品种类型与高产良种

## 一、品种类型

### （一）品种类型

按品种的特征、特性，分为普通型、珍珠豆型、多粒型和龙生型。

**1. 普通型**　荚果为普通形，个别为葫芦形，果嘴不明显，网纹较平滑。果型大，称为大花生。荚果一般有 2 粒种子，少数 3 粒，椭圆形，种皮为粉红色或深红色。茎枝粗壮，分枝较多，常有第三次分枝，总分枝在 20 个以上。茎枝花青素不明显，呈绿色。小叶呈倒卵形，绿色或深绿色。主茎不开花，属交替开花、分枝型。单株开花量多，在大田群体条件下，开花量 150～200 朵。春播鲜果生育期 120～160 天，种子休眠期长，在 90 天以上，要求总活动积温 2 700～3 100℃，种子发芽较慢，要求的温度较高。根据株型，分立蔓、半立蔓和蔓生 3 个亚型。多为 1 年 1 熟或 2 年 3 熟的春花生。我国北方的主要栽培品种类型，南方种植面积很少。

**2. 珍珠豆型**　荚果为葫芦形和蚕茧形，果壳薄，网纹细而浅，果型中或小，一般称为小花生。荚果有 2 粒种子，籽仁饱满，出仁率高，一般为 75% 以上。种子呈桃形，种皮有光泽，多为淡红色，少数深红色。株型直立、紧凑，主茎较高，分枝较少，一般不分生或少分生二次分枝，单株总分枝数在 10 个以下。茎枝色浅，呈黄绿色。小叶片较大，椭圆形，呈浅绿色或黄绿色。主茎开花，属连续开花、分枝型，开花早，主茎 7 片真叶现花，花期短，花量少，单株开花量 50～80 朵。花芽分化早，节位低，有地下花（闭花）。生育期较短，鲜果春播一般为 100～110 天。要求总活动积温为 2 300～2 500℃，种子发芽快，要求温度低，出苗快。种子休眠期短，一般为 9～50 天，甚至休眠不明显，有的品种成熟后遇旱再遇雨就在地里发芽。本类型品种由于具有早熟、株型紧凑、结果集中、粒满等特点，主要在广东、广西、福建及河南南部等地种植。

**3. 多粒型** 荚果为串珠形，果嘴不明显，果壳厚，网纹平滑，束腰很浅，有的地方称为"长生果"。多数果含3～4粒种子，形状不规则，略呈圆锥形、圆柱形或三角形。种皮光滑，有光泽，呈深红色或紫红色。株型直立，茎枝粗壮而高大。疏枝型，二次分枝很少，一般条件下，单株总分枝4～5个。茎枝上有茸毛，浅绿色带紫红色。小叶片大，长椭圆形，多数品种浅绿色和黄绿色，叶脉较明显，连续开花，短花序，花期长，花量大，结实集中，成针率高，结实率低。生育期短，鲜果春播为100天左右。要求总活动积温2 200～2 400℃，种子休眠期短，收获期在田间易发芽。主要在无霜期短的东北等地区有种植。

**4. 龙生型** 荚果为曲棍形或蜂腰形。有明显的果嘴和直脉突起的龙骨，所以有些地方称为"骆驼腰"或"罗锅子"。果壳薄，网纹深，皮色灰暗，果柄脆而长，收获时易落果，种在黏土地易烂果。多数荚果3～4粒种子，种子呈三角形或圆锥形，种皮不光滑，色暗红，无光泽。交替开花，花量多，在适宜条件下，单株开花量可达千朵。主茎上完全是营养枝，不开花。分枝性强，常有第四次分枝，条件适宜的单株总分枝数可达120条，侧枝长达1米以上。一般大田栽培，单株总分枝30个左右。茎枝上茸毛较密，茎部花青素多，呈紫红色。株型多为蔓生，小叶片倒卵形或宽倒卵形，叶面和叶缘有明显的茸毛，叶色多为深绿色和灰绿色。生育期较长，一般鲜果春播生育期140天以上，所需总活动积温2 800～3 200℃。种子休眠期长，发芽慢，要求的温度较高（5厘米播种层平均地温稳定在15～18℃）。抗旱、抗病，防风固沙，保持水土，耐瘠性强，适于丘陵地或沙滩地种植。

**（二）中间类型**

20世纪70年代以来，各地应用四大类型地方品种，采取有性杂交手段，或采取激光和原子辐射等人工诱变手段，选育出一批新品种和衍生新品种（系），成为原有四大类型品种之外的中间型新品种体系。多数品种性状优良，是当前各地生产中的当家品种。为便于区别性状，现暂划归为中间类型（中间型）。此类型有两大特点：一是连续开花、连续分核，开花量大，受精率高，双仁果和饱果指数高。荚果普通形或葫芦形，果型大或偏大。多双室荚果，网纹浅，种皮粉红色，出仁率高。株型直立，植株高或中等，分枝少，叶片小或中等大，侧立而色深。中熟或早熟偏晚，种子休眠性中等，鲜果生育期110～130天。二是适应性广，丰产性好。我国黄河流域和长江流域选育出的高产新品种，绝大多数属于这类型。如山东省的花育19号、花育21号、花育22号、花育25号、丰花1号、维花8号，江苏省的徐州68-4、徐系1号、徐花5号，河南省的豫花7号、豫花15号，四川省的天府14号、天府15号、天府18号、天府20号等，都有很强的适应性。再如海花1号和花37等品种，在黄泛平原、黄土高原和东北高寒地区已成为大面积的当家品种；花育25号在华北、东北等花生产区得以大面积推广；天府15号在陕、晋、豫、皖安家落户。这些品种已大面积获得每亩产量300千克、400千克、500千克，有的品种如花育19号、花育22号、丰花1号、丰花3号，在小面积上亩产量可达600千克，甚至700多千克。

## 二、鲜食花生良种介绍

目前在生产上按花生种子大小分为大果型（大粒种）、中果型（中粒种）和小果型（小粒种）。划分标准是：百仁重在80克以上的为大粒种，百仁重50～80克的为中粒种，百仁重50克以下的为小粒种。

### （一）大果型花生良种介绍

**1. 豫花15号**　河南省农业科学院棉花油料作物研究所以徐

7506-57×P12 杂交选育而成。2000 年河南省农作物品种审定委员会审定，2001 年安徽省农作物品种审定委员会审定。植株直立、疏枝，属中间型品种，主茎高 40.0 厘米。侧枝长 43.0 厘米，总分枝 7 条，结果枝 6 条，叶片椭圆形，深绿色，较大。荚果普通形，果嘴锐，缩缢浅，网纹一般，多为二室果，百果重 234.3 克左右，籽仁椭圆形，种皮粉红色，百仁重 93.7 克左右，出仁率 71.1%，在河南麦田套作生育期 115 天左右。蛋白质含量 25.93%，粗脂肪含量 55.46%，高抗网斑病（发病为 0 级），中抗枯萎病、叶斑病、锈病（发病均在 2 级以下），耐病毒病。1998—1999 年全国（北方区）生产试验，2 年平均亩产荚果 246.2 千克、籽仁 177.2 千克，比鲁花 9 号增产 13.95% 和 10.44%。2000 年参加全国（北方区）生产试验，平均亩产荚果 316.6 千克、籽仁 225.3 千克，比对照分别增产 12.94% 和 15.10%。麦田套作河南以 5 月 20 日为宜；夏直播不应晚于 6 月 10 日，越早越好，应适当加大密度，一般以每亩 10 000～11 000 穴、每穴 2 粒为宜，高肥水地块每亩可种植 9 000 穴左右，旱薄地或夏直播每亩可达到 11 000 穴左右。该品种在浙北地区作为鲜食花生口感好、产量高，生育期长，春季地膜覆盖 4 月中下旬播种，生育期在 100 天左右，亩产鲜果可达 700 千克左右。6 月中下旬夏播，生育期 90 天左右，亩产鲜果 550 千克左右。不适合早春和秋冬季三膜覆盖。

**2. 豫花 25 号** 河南省农业科学院经济作物研究所以豫花 9414×豫花 9634 杂交选育而成。2013 年河南省农作物品种审定委员会审定。属直立疏枝中大果品种，夏播生育期 115 天左右。一般主茎高 42.1 厘米。侧枝长 47.4 厘米，总分枝 7 条左右，平均结果枝 5 条左右，单株饱果数 10～11 个。叶片椭圆形，浓绿色，中等大小。荚果普通形，果嘴锐，网纹粗，稍浅，平均百果重 189.5 克，籽仁圆形，种皮粉红色，平均百仁重 80.7 克，出仁率 69.0% 左右。该品种中抗叶斑病、病毒病，抗网斑病、根腐病。2012 年参加河南省夏播花生生产试验，平均亩产荚果346.19 千克、籽仁 248.93 千克，比豫花 9327 增产 7.99％和6.98％。该品种在浙北地区作为鲜食花生口感一般、产量高，生育期长，春季地膜覆盖，4 月中下旬播种，生育期在 95 天左右，亩产鲜果可达 750 千克左右。6 月中下旬夏播，生育期 90 天左右，亩产鲜果 600 千克左右。不适合早春和秋冬季三膜覆盖。

**3. 豫花 9326** 河南省农业科学院经济作物研究所以豫花 7号×郑 86036-19 杂交选育而成。属直立疏枝，生育期 130 天左右。具有叶片浓绿色、椭圆形、较大等特点。连续开花，株高39.6 厘米，侧枝长 42.9 厘米，总分枝 8～9 条，结果枝 7～8条，单株结果数 10～20 个；荚果为普通形，果嘴锐，网纹粗深，籽仁椭圆形、粉红色，百果重 213.1 克，百仁重 88 克，出仁率70％左右。2003—2004 年河南省农业科学院植物保护研究所抗性鉴定：网斑病发病级别为 0～2 级，抗网斑病（按 0～4 级标准）；叶斑病发病级别为 2～3 级，抗叶斑病（按 1～9 级标准）；锈病发病级别为 1～2 级，高抗锈病（按 1～9 级标准）；病毒病发病级别为 2 级以下，抗病毒病。2002 年全国（北方区）区域试验，平均亩产荚果 301.71 千克、籽仁 211.5 千克，分别比对照鲁花 11 号增产 5.16％和 0.92％，荚果、籽仁分别居 9 个参试品种第二、四位；2003 年继试，平均亩产荚果 272.1 千克、籽仁 189.1 千克，分别比对照鲁花 11 号增产 7.59％和 7.43％，荚果、籽仁分别居 9 个参试品种第二、三位；2004 年全国（北方区）花生生产试验，平均亩产荚果 308.0 千克、籽仁 212.8 千克，分别比对照鲁花 11 号增产 12.7％和 11.2％。该品种在浙北地区作为鲜食花生口感好、产量高，生育期长，春季地膜覆盖 4月中下旬播种，生育期在 100 天左右，亩产鲜果可达 650 千克左右。6 月中下旬夏播，生育期 90 天左右，亩产鲜果 600 千克左右。不适合早春和秋冬季三膜覆盖。

**4. 豫花 9327** 河南省农业科学院棉花油料作物研究所以郑

8710-11×郑 86036-19 杂交选育而成。属直立疏枝型，生育期110 天左右，连续开花，荚果发育充分，饱果率高，主茎绿色，主茎高 33～40 厘米，叶片椭圆形，叶色灰绿色，较大，结果枝数 6～8 条，荚果类型为斧头形，前室小，后室大，果嘴略锐，网纹粗、浅，结果数每株 20～30 个，百果重 170 克，出仁率70.4%，籽仁三角形，种皮粉红色，种皮表面光滑，百仁重 72克。2000 年参加河南省区域试验，平均亩产荚果 214.72 千克，亩产籽仁 147.72 千克，比对照豫花 6 号增产 19.19% 和13.94%；2001 年续试，平均亩产荚果 262.47 千克，亩产籽仁190.02 千克，比对照豫花 6 号增产 14.86%和11.55%；2002 年生产试验，平均亩产荚果 282.6 千克，亩产籽仁 210.3 千克，分别比对照种豫花 6 号增产 13.4%和11.7%。播期：6 月 10 日以前，每亩 12 000 穴左右，每穴 2 粒，根据土壤肥力高低可适当增减。播种前施足底肥，苗期要及早追肥，生育前期及中期以促为主，花针期切忌干旱，生育后期注意养根护叶，及时收获。该品种在浙北地区作为鲜食花生口感好、产量高，生育期长，春季地膜覆盖 4 月中下旬播种，生育期在 100 天左右，亩产鲜果可达650 千克左右。6 月中下旬夏播，生育期 90 天左右，亩产鲜果600 千克左右。不适合早春和秋冬季三膜覆盖。

**5. 豫花 9719**　河南省农业科学院经济作物研究所以豫花 9号×郑 8903 杂交选育而成。属直立疏枝型，生育期 120 天左右。连续开花，一般株高 46.7 厘米，总分枝 7.4 条，结果枝 6.1 条，单株饱果数 8.8 个；荚果为普通形，果嘴钝，网纹粗、深，缩缢浅，百果重 261.2 克；籽仁为椭圆形、粉红色，有光泽，百仁重103.5 克，出仁率 68%。2006 年河南省农业科学院植物保护研究所鉴定：高抗病毒病（发病率 10%），高抗锈病（发病级别 3级）；抗根腐病（发病率 12%），抗网斑病（发病级别 2 级）；中抗叶斑病（发病级别 4 级）。2007 年河南省农业科学院植物保护研究所鉴定：高抗锈病（发病级别 3 级）；抗病毒病（发病率

21%)，抗根腐病（发病率 15%），抗网斑病（发病级别 2 级），抗叶斑病（发病级别 4 级）。2007 年农业部农产品质量监督检验测试中心（郑州）测试：蛋白质含量 25.81%，脂肪含量 51.51%，油酸含量 49.4%，亚油酸含量 28.4%，油酸亚油酸比值（O/L 值）1.74。2006 年麦套区域试验，平均亩产荚果 327.3 千克，比对照豫花 11 号增产 12.4%；平均亩产籽仁 222.2 千克，比对照豫花 11 号增产 3.3%。2007 年续试，平均亩产荚果 286.7 千克，比对照豫花 11 号增产 12.7%；平均亩产籽仁 191.5 千克，比对照豫花 11 号增产 9.0%。2008 年河南省麦套生产试验，平均亩产荚果 268.1 千克，比对照豫花 11 号增产 10.2%；平均亩产籽仁 189.1 千克，比对照豫花 11 号增产 7.8%。麦垄套种在 5 月 20 日左右；春播在 4 月下旬或 5 月上旬。每亩 10 000 穴左右，每穴 2 粒，高肥水地可适当降低种植密度，旱薄地应适当增加种植密度。适宜在河南省花生产区种植。该品种在浙北地区作为鲜食花生口感好、产量高，生育期长，春季地膜覆盖 4 月中下旬播种，生育期在 100 天左右，亩产鲜果可达 650 千克左右。6 月中下旬夏播，生育期 90 天左右，亩产鲜果 600 千克左右。不适合早春和秋冬季三膜覆盖。

**6. 花育 35 号** 以鲁花 14 号×花选 1 号杂交后系统选育而成。属中间型大花生。荚果普通形，网纹清晰，果腰浅，籽仁椭圆形，种皮粉红色，内种皮浅黄色，连续开花。区域试验结果：春播生育期 130 天，主茎高 45.6 厘米，侧枝长 49.9 厘米，总分枝 8 条；单株结果 15 个，单株生产力 24.6 克，百果重 252.2 克，百仁重 100.9 克，千克果数 503 个，出米率 69.9%。2010 年经农业部油料及制品质量监督检验测试中心品质分析：蛋白质含量 24.83%，脂肪 48.53%，油酸 41.9%，亚油酸 35.5%，O/L 值 1.2。2011 年经山东省花生研究所田间抗病性调查表明感网斑病。在 2010—2011 年山东省大花生品种区域试验中，两年平均亩产荚果 323.6 千克、籽仁 226.3 千克，分别比对照丰花

1 号增产 11.7％和 12.0％；2012 年生产试验平均亩产荚果
367.5 千克、籽仁 264.0 千克，分别比对照花育 25 号增产
11.1％和 8.4％。适宜密度为每亩 10 000～11 000 穴，每穴 2
粒。其他管理措施同一般大田。该品种在浙北地区作为鲜食花生
口感一般、产量较高，生育期长，春季地膜覆盖 4 月中下旬播
种，生育期在 100 天左右，亩产鲜果可达 600 千克左右。6 月中
下旬夏播，生育期 90 天左右，亩产鲜果 550 千克左右。不适合
早春和秋冬季三膜覆盖。

**7. 花育 33 号** 以 8606-26-1×9120-5 杂交后系统选育而成。
由山东省花生研究所选育，审定编号为鲁农审 2010027 号。属普
通型大花生品种。荚果普通形，网纹较深，果腰浅，籽仁长椭圆
形，种皮粉红色，内种皮橘黄色。区域试验结果：春播生育期
128 天，主茎高 47 厘米，侧枝长 50 厘米，总分枝 8 条。结果 16
个，单株生产力 20.4 克，百果重 227.3 克，百仁重 95.9 克，千
克果数 544 个，千克仁数 1 166 个，出米率 70.1％。抗病性中
等。2007 年经农业部食品质量监督检验测试中心（济南）品质
分析：蛋白质含量 19.1％，脂肪 47.3％，油酸 50.2％，亚油酸
29.2％，O/L 值 1.7。2007 年经山东省花生研究所抗病性鉴定：
网斑病病情指数 52.6，褐斑病病情指数 16.4。在 2007—2008 年
山东省花生品种大粒组区域试验中，两年平均亩产荚果 345.6 千
克、籽仁 242.0 千克，分别比对照丰花 1 号增产 8.8％和 9.5％；
2009 年生产试验平均亩产荚果 370.5 千克、籽仁 260.8 千克，
分别比对照丰花 1 号增产 10.9％和 10.2％。适宜密度为每亩
10 000～11 000 穴，每穴 2 粒。其他管理措施同一般大田。该品
种在浙北地区种植高产、口感一般，春季 4 月中下旬播种地膜覆
盖生育期 120 天，亩产鲜果可达 800 千克。6 月中下旬夏播，生
育期 105 天左右，亩产鲜果 700 千克左右。不适合早春和秋冬季
三膜覆盖。

**8. 大四粒红** 由山东花生研究所杂交选育而成的鲜食花生

新品种，适合于各季栽培，红衣，口感甜糯，口感表现为秋冬季最好，早春次之，夏、秋季栽培条件下口感优于豫花系列花生。早春三膜覆盖 1 月底至 2 月初种植，生育期 110 天左右，亩产650 千克左右；春季地膜覆盖条件下，生育期 90 天，亩产 600千克左右；6 月中下旬夏播，生育期 85 天左右，亩产鲜果 550千克左右；秋冬季三膜覆盖 9 月中下旬播种，生育期 100 天左右，亩产 650 千克左右。经过两年的试验结果显示，生育期比四粒红早 1～2 天，秋冬季生育期相差 5 天左右。主茎高 60～80 厘米，蔓生。因此，要及时化控，如果不进行化控，严重时减产可达 20％以上。该品种发棵较少，不宜稀植。荚果为曲棍形，连续开花，果嘴中等，单株结果数 18 个，网纹粗，属龙生型品种。鲜果千克果数 98 个，百果重 507 克，百仁重 108 克，出米率72.5％，籽仁粗脂肪含量 48.93％，蛋白质含量 26.2％，O/L值 1.05。籽仁为圆柱形、荚果饱满度好，仁大红色，颜色较四粒红鲜艳。荚果多粒串珠形，以 3～4 粒荚为主，抗旱性中等。休眠性较弱。早春三膜覆盖、春季两膜覆盖，最高产量可达 700千克以上；秋冬季三膜覆盖最高产量可达 680 千克。春季当温度高于 15℃时，播种期越早，产量越高。

**（二）中果型花生良种介绍**

**1. 天府 18 号**　由四川省南充市农业科学研究所选育，春播生育期 130 天，夏播 110 天左右。株型直立，叶片长椭圆形、绿色较深、中等大小；平均株高 39.3 厘米，单株生产力 34.7 克，荚果普通形，中等大，果嘴明显较尖锐，籽仁椭圆形，粉红色，百仁重 75.5 克，出仁率 78.8％，籽仁粗蛋白含量 26.40％，粗脂肪含量 51.74％，O/L 值 2.5，抗倒伏，耐旱性较强，轻感晚斑病，中抗病毒病，不抗青枯病。种子休眠性中等。2003—2004年参加四川省区域试验，平均亩产荚果 286.2 千克，比对照天府9 号增产 9.20％。2004 年参加四川生产试验，平均亩产荚果320.3 千克，比对照天府 9 号增产 19.60％。该品种收鲜果产量

不高、口感一般，浙北地区春季 4 月中下旬播种地膜覆盖生育期
95 天，亩产鲜果 500 千克。6 月中下旬夏播，生育期 85 天左右，
亩产鲜果 400 千克左右。

**2. 天府 19 号**　由四川省南充市农业科学研究所选育，2009
年通过四川省农作物品种审定委员会审定，审定编号为川审油
2009001。属中间型早熟中粒花生品种。株型直立，连续开花。
株高 40 厘米，侧枝长 48 厘米左右。单株分枝数 9 个，结果枝 7
个左右。单株结果数 16 个，单株生产力 25 克左右。荚果普通形
或斧头形，大小中等。百果重 185 克，百仁重 85 克左右。出仁
率 77% 左右。种子休眠性强，抗倒力强，耐旱性强，中抗叶斑
病和锈病，不抗青枯病。籽仁含油量 49.7%，粗蛋白质含量
24.8%，O/L 值 1.28。春播全生育期 130 天，夏播全生育期 110
天左右。2007—2008 年参加四川省花生区域试验，两年 10 点次
全部表现增产，荚果平均亩产 330.52 千克，比对照天府 14 号
（亩产 296.31 千克）增产 11.55%；籽仁平均亩产 254.21 千克，
比对照天府 14 号（亩产 229.08 千克）增产 10.97%。2008 年参
加四川省花生生产试验，4 个试点全部增产，荚果平均亩产
325.5 千克，比对照天府 14 号（亩产 274.1 千克）增产 18.75%；
籽仁平均亩产 255.8 千克，比对照天府 14 号（亩产 215.8 千克）
增产 18.54%。作为早熟品种，以 3 月下旬至 5 月上旬播种为
宜，麦套花生在小麦收获前 25～30 天播种。适合在肥力中等以
上、土质疏松的田块种植。每亩 8 000～10 000 穴，双粒穴播。
该品种产量一般、口感一般，浙北地区春季 4 月中下旬播种地膜
覆盖生育期 95 天，亩产鲜果 550 千克。6 月中下旬夏播，生育
期 85 天左右，亩产鲜果 450 千克左右。

**3. 天府 20 号**　由四川省南充市农业科学研究所以 836-22×
933-15 杂交选育而成，2009 年通过四川省农作物品种审定委员
会审定，审定编号为川审油 2009002。属中间型早熟中粒花生品
种。株型直立，连续开花。株高 40 厘米，侧枝长 48 厘米左右。

单株分枝数 11 个，结果枝 8 个左右。单株结果数 18 个，单株生产力 25 克。荚果普通形或斧头形，大小中等。百果重 180 克，百仁重 80 克左右。出仁率 75％左右。种子休眠性强，抗倒力强，耐旱性强，抗叶斑病和锈病，不抗青枯病。籽仁含油量 50.9％，蛋白质含量 23.9％，O/L 值 1.35。春播全生育期 130 天，夏播全生育期 110 天左右。2007—2008 年参加四川省花生区域试验，两年 10 点次有 9 点次表现增产，荚果平均亩产 334.12 千克，比对照天府 14 号（亩产 296.31 千克）增产 12.76％；籽仁平均亩产 248.08 千克，比对照天府 14 号（亩产 229.08 千克）增产 8.29％。2008 年参加四川省花生生产试验，4 个试点全部增产，荚果平均亩产 330.5 千克，比对照天府 14 号（亩产 274.1 千克）增产 20.6％；籽仁平均亩产 243.6 千克，比对照天府 14 号（亩产 215.8 千克）增产 12.9％。作为早熟品种，以 3 月下旬至 5 月上旬播种为宜，麦套花生在小麦收获前 25～30 天播种。适合在肥力中等以上、土质疏松的田块种植。每亩 8 000～10 000 穴，双粒穴播。每亩施氮 5～6 千克、五氧化二磷 5～6 千克、氧化钾 4～7 千克。坡台地重氮轻钾，冲积潮沙土重钾轻氮。高产栽培时要施足基肥，苗期追施一定数量的速效肥。底肥要做到种肥隔离，追肥要在初花期前施用。及时防治病虫害、防除杂草。成熟后及时收获。该品种高产、口感不佳，浙北地区春季 4 月中下旬播种地膜覆盖生育期 95 天，亩产鲜果可达 800 千克。6 月中下旬夏播，生育期 105 天左右，亩产鲜果 700 千克左右。可在浙江慈溪适当作周年化生产品种。

**4. 花育 26 号**　由山东省花生研究所于 1993 年以 R1（8124-19-1×兰娜）为母本、以 ICGS11（ROBERT33-1×*A. glagrata*）为父本杂交，后代采用系谱法进行选择而育成的出口兰娜小花生新品种。2007 年 3 月通过山东省农作物品种审定委员会审定。该品种属于早熟直立旭日型出口小花生品种，生育期 130 天左右。疏枝型，植株直立，分枝少，生长稳健，主茎高 52.5 厘米，侧枝长 57 厘米，总分枝 8 条，单株结果数 21 个，单株生产力 18 克，荚果普通形，千克果数 905 个，千克仁数 1 911 个，百果重 151 克，百仁重 62.1 克，出米率 73%；种子休眠性强，较抗叶斑病和网斑病，产量高，品质优，抗病性强。2007 年农业部食品质量监督检验测试中心（济南）测试，脂肪含量 51.8%，蛋白质含量 23.5%，油酸 51.2%，亚油酸 30.4%，O/L 值 1.68，比白沙 1016 高 0.68 左右，是国内小花生 O/L 值最高的花生品种。属普通型小花生品种。2004—2005 年山东省小花生品种区域试验中，亩产荚果 297.9 千克、籽仁 216.0 千克，分别比对照鲁花 12 号增产 17.3% 和 16.6%；在 2006 年生产试验中，亩产荚果 303.5 千克、籽仁 227.8 千克，分别比对照鲁花 12 号增产 21.4% 和 23.9%。适宜密度为每亩 11 000～12 000 穴，每穴播 2 粒。其他管理措施同一般大田。该品种高产、口感一般，浙北地区春季 4 月中下旬播种地膜覆盖生育期 100 天，亩产鲜果可达 500 千克。6 月中下旬夏播，生育期 90 天左右，亩产鲜果 400 千克左右。

**5. 四粒红**　又称山东大红袍。四粒红是吉林省松原市特有的农家种之一。通过考证，1941 年前后，吉林扶余弓棚子镇榆树村一韩姓农民从山东老家带回来一个农家花生品种，该品种果皮淡红，入口干硬发涩。该品种果型细长、每个果 4 个果仁，果仁种皮红色，因此称为四粒红。鲜果早春生育期 110 天左右。植株较长，匍匐。荚果为曲棍形，果嘴中等，网纹粗，属龙生型品种。鲜果千克果数 130 个，百果重 372 克，百仁重 90 克；籽仁为圆柱形、大红色。以 3～4 粒荚为主。早春三膜覆盖 1 月底至 2 月初种植，生育期 110 天左右，亩产 600 千克左右；春季地膜覆盖条件下，生育期 90 天，亩产 550 千克左右；6 月中下旬夏播，生育期 85 天左右，亩产鲜果 500 千克左右；秋冬季三膜覆盖 9 月中下旬播种，生育期 105 天左右，亩产 600 千克左右。

### （三）小果型花生良种介绍

**1. 青花 6 号**　由青岛农业大学选育而成，属珍珠豆型小花生品种。荚果蚕茧形，网纹清晰，后室大于前室，果腰不明显，籽仁桃圆形，种皮浅粉红色，内种皮白色。春播生育期 121 天，主茎高 37 厘米，侧枝长 41 厘米，总分枝 9 条；单株结果 16 个，单株生产力 16.0 克，百果重 161 克，百仁重 67 克，千克果数 753 个，千克仁数 1 682 个，出米率 75.4％；抗病性中等。2007 年经农业部食品质量监督检验测试中心（济南）品质分析：蛋白质含量 22.3％，脂肪 45.9％，油酸 40.0％，亚油酸 34.0％，O/L 值 1.2。2007 年经山东省花生研究所抗病性鉴定：网斑病病情指数 43.6，褐斑病病情指数 17.3。在 2007—2008 年山东省花生品种小粒组区域试验中，两年平均亩产荚果 299.4 千克、籽仁 226.3 千克，分别比对照花育 20 号增产 8.6％和 11.9％；2009 年生产试验平均亩产荚果 326.0 千克、籽仁 251.9 千克，分别比对照花育 20 号增产 11.9％和 14.7％。适宜密度为每亩 9 000～11 000 穴，每穴 2 粒；生长中后期注意防止植株徒长。其他管理措施同一般大田。鲜食花生产量较高，口感一般。春季地膜覆盖，生育期 95 天，亩产 600 千克左右，适合在浙江绍兴、衢州、金华一带作春季鲜食小花生利用。

**2. 远杂 9102**　2002—2003 年参加湖北省花生品种区域试验，品质经农业部油料及制品质量监督检验测试中心测定，籽粒粗脂肪含量 52.89％，粗蛋白含量 27.49％。两年区域试验平均亩产荚果 271.88 千克，比对照中花 4 号增产 5.37％。其中，2002 年亩产荚果 295.00 千克，比中花 4 号增产 7.21％，极显著；2003 年亩产荚果 248.75 千克，比中花 4 号增产 3.26％，显著。适宜密度为每亩 10 000～12 000 穴，每穴 2 粒。加强田间管理，生育前期及时中耕，花针期切忌干旱，生育后期注意养根护叶，及时收获。结合中耕除草，及时培土，增厚土层以利于下针结果。花针期遇旱适时轻浇润灌，忌大水漫灌。鲜食花生产量高，口感好。春季地膜覆盖，生育期100天，亩产700千克左右，适合在浙江绍兴、衢州、金华一带作春季鲜食小花生利用。

**3. 小京生**　该品种产于浙江新昌，明清时作为朝廷贡品，本地名称为小京生，也称为小红帽，为密枝亚种的多毛变种，龙生型。以新昌在大市聚、红旗、孟家塘、西郊一带黄土低台地生产的为最佳。侧枝长于主茎，蔓生，侧枝匍匐地面，果型小，果尖突出呈鸡嘴形，果皮淡黄色，有光泽，网眼浅而细密，果腰浅，果仁长椭圆形，种皮粉红色，多以2粒荚为主。百果重133.9克，百仁重63.5克，出仁率73.2%～76.0%。小京生花生密度要根据土壤肥料水平而定，一般每亩密度3 500～4 500穴，行距40～50厘米，株距35～40厘米。肥力较高适当稀植，反之则密植。早春鲜果地膜和小拱棚两膜覆盖播种季节一般在3月中下旬；根据茬口安排，最迟的可推迟到7月下旬播种，这样同时也适于推行小京生双季嫩花生种植。鲜果的收获，一般可在小京生花生开花期后60天左右，挖取少量代表性植株进行观察。若大部分荚果的果壳已变硬，且有极少量绿籽（老果）出现，即为收获适期。具体收获日期，可从市场及消费者需求出发，适当偏早或偏迟。种植地域以浙江绍兴一带为主。

# 第五节　种植密度与方式

## 一、种植密度

合理密植是花生适当增加亩株（穴）数，以增大绿叶覆盖面积，充分利用光能，最大限度地发挥土地潜力，提高荚果产量的重要措施。

### （一）合理密植的条件

**1. 合理密植与品种类型**　合理密植因品种而异。各品种类型的生长习性不同，其种植密度也不同。如青花3号、远杂9102等小果型品种生育期短，分枝少，开花早而集中，结实范围紧凑，单株所占营养面积较小，种植密度应适当大些；普通型和中间型中熟大花生如豫花 15 号、花育 33 号等品种，生育期较长，植株高大，花期长，结实范围和单株营养面积较大，种植密度应该小些。大四粒红虽是大果型花生品种，植株高大，但其分枝少，生育期短，应适当密植。小京生虽是小果型花生，由于其发棵多，丛生，生育期长，应作稀植。

**2. 合理密植与生产条件**　气温较低、雨量较少的地区，花生植株生长相对矮小，群体争光不是主要矛盾，所以种植密度应大些；气温较高、雨量充足的地区，花生植株生长旺盛，叶面积较大，群体争光矛盾突出，种植密度应小些。

在相同气候条件下，土层较浅、肥力较低的花生田，由于个体植株生长受到一定限制，株丛小，所占地面空间也小，应增加群体密度，发挥群体增产潜能；土层深厚、肥力较高的花生田，根系发达，株丛高大，所占地面空间也大，要适当减少群体密度，确保个体生产能力。

栽培条件中与合理密植关系较密切的主要是肥、水条件。肥、水条件好的，花生密度应减小些，靠个体夺高产；在施肥少和浇水条件差的一般大田，应适当增加密度，以密取胜夺高产。

**（二）合理密植的范围**

**1. 小果型品种鲜食花生**　青花 3 号、远杂 9102 等花生品种，土壤肥力深厚的密度以每亩 9 000～11 000 穴为宜，中等肥力土壤以 10 000～12 000 穴为宜，沙性土、土壤肥力较差的以 12 000～15 000 穴为宜。每穴播种 2 粒。

**2. 大果型和中间型品种鲜食花生**　花育 22 号、豫花 15 号等大、中果型花生品种，土壤肥力深厚的密度以每亩 7 000～8 000 穴为宜，中等肥力土壤以 8 000～9 000 穴为宜，沙性土、土壤肥力较差的以 9 000～10 000 穴为宜。每穴播种 2 粒。

**3. 播种深浅度及种植要点**　一般花生的播种以 5 厘米左右为宜。要掌握"干不种深，湿不种浅"和"土壤黏的要浅，沙土地或沙性大的地块要深"的原则。露地栽培最深不超过 7 厘米，最浅的不能浅于 3 厘米。

## 二、种植方式

### （一）适宜的种植方式

我国花生的种植方式主要有以下 3 种。

**1. 平作**　北方旱薄地花生产区的一种种植方式。由于地势高燥、土壤肥力低，又无浇水条件，花生发不起棵来，需要密植。因此，不论哪种品种类型，均采取平地开沟（或开穴）播种，等行种植，行距 26～33 厘米，穴距 13.2～16.5 厘米，每穴 2 粒。其优点是有利于抗旱保墒拿全苗，行距不受起垄限制，宜于密植，播种省工。

**2. 垄种**　在北方中肥田和肥水地的一种种植方式。适合土层深厚、地势平坦、有排灌条件的地块，种植株丛高、结实范围大的普通型或中间型中熟大果品种，垄种与密植不矛盾。为了便于排灌，增强田间通风透光，应实行起垄栽培。即在花生播种前起垄，在垄上点种花生，大致有单行垄种和双行垄种 2 种。

（1）单行垄种。中肥田种植花育 16 号早熟中果品种的春花生，不带犁铧两犁起垄，垄高 10 厘米，垄宽 36.3～40 厘米，穴距 13.2～15 厘米；春播花育 19 号、花育 20 号、丰花 1 号、丰花 5 号花生，带犁铧两犁起垄，垄高 10～12 厘米，垄宽 43～45 厘米，穴距 16.5～18.15 厘米；春播花育 17 号、丰花 3 号、豫花 15 号中熟大花生，垄高 12～13 厘米，垄距 45～46.2 厘米，穴距 16.5～18.15 厘米；麦套花生垄距 40 厘米，穴距 16.5～18.15 厘米。肥水地种植花育 19 号、花育 22 号、丰花 1 号、丰花 5 号春花生，垄距 45～46.2 厘米，穴距 18.5～20 厘米；种植花育 17 号、丰花 3 号、豫花 15 号花生，垄距 46.2～50 厘米，穴距 18.15～20 厘米。

（2）双行垄种。中肥田种植花育 20 号花生，带犁铧四犁起宽垄，垄高 10～12 厘米，垄宽 72.4～80 厘米，垄沟宽 26.4～30 厘米，垄面宽 46.2～50 厘米，垄上种双行花生，小行距 25～30 厘米，大行距 30～45 厘米，平均行距 36.2～40 厘米，穴距 13.2～15 厘米；种植花育 19 号、花育 22 号、丰花 1 号、丰花 5 号花生，四犁起垄，垄高 12～15 厘米，垄宽 86～90 厘米，垄沟宽 30 厘米，垄面宽 56～60 厘米，垄上种双行花生，小行距 36～40 厘米，大行距 48～50 厘米，平均行距 43～45 厘米，穴距 16.5～18.15 厘米；种植花育 17 号、丰花 3 号、豫花 15 号等花生，四犁起垄，垄高 12～13 厘米，垄宽 90 厘米，垄沟宽 30 厘米，垄面宽 60 厘米，垄上种双行花生，小行距 40 厘米，大行距 50 厘米，平均行距 45 厘米，穴距 16.5～18.15 厘米。肥水地种植花育 19 号、花育 22 号、丰花 1 号、丰花 5 号花生，垄距 90 厘米，垄的其他规格同中肥田，穴距为 18.15～20 厘米；种植花育 17 号、丰花 3 号、豫花 15 号花生，垄宽 90～95 厘米，垄沟宽 30 厘米，垄面宽 60～65 厘米，垄上小行距 40～45 厘米，大行距 50 厘米，平均行距 45～47.5 厘米，穴距 20 厘米。

**3. 高畦种植** 南方的主要种植方式，北方也有地区采用。在湖南省称为开厢；在广东省、广西壮族自治区称为"起块"；在鲁南和苏北称为"小万"。主要优点是抗旱防涝、能排能灌。一般畦宽 140～200 厘米，其中畦沟宽 40 厘米，沟深 20～25 厘米，挖畦沟的土垫在畦面上，使之略成"龟背"形，畦面宽 100～155 厘米，等行种植 4～6 行，平均行距 25～25.8 厘米，穴距 16.5～23.1 厘米，每亩种 11 000～12 800 穴，每穴播 2 粒。具体规格如下：

（1）南方"起块"种植规格。水田种珍珠豆型品种，畦宽 140～150 厘米，其中畦沟宽 40 厘米，畦面宽 100～110 厘米，畦面等行种 4 行，每畦平均行距 35～37.5 厘米（畦面实际行距 25～27.5 厘米），穴距 16.5～18.15 厘米，每亩种 9 654～11 320 穴，每穴播 2 粒。旱坡地春植和水田秋植珍珠豆型品种，畦宽

165～200 厘米，畦沟宽 40～45 厘米，畦面宽 125～160 厘米，畦面种 6～7 行花生，每畦平均行距 27.5～28.6 厘米（畦面平均行距 20.8～22 厘米），穴距 16.5～18.15 厘米，每亩种 11 500～12 500 穴，每穴播 2 粒。

（2）北方"小万"种植规格。在鲁南和苏北地区土层浅、易潮涝的丘陵旱田，有高畦种植的习惯，俗称"小万短节"。畦面宽 130～300 厘米，畦沟上口宽 35～45 厘米，下口宽 15～20 厘米，畦沟深 20～25 厘米。挖出的土垫在畦面上使之成"鳌面"形，要求畦面平、畦沟直，并根据地形与畦沟垂直每 5～20 米打上短节沟，以利于排水。每畦种 4～8 行，平均行距 33～37.5 厘米，穴距 23.1～25.4 厘米，每亩种 7 500 穴左右。这种栽培方式虽有利于排涝，但挖沟占地太多，土地利用率低，种植太稀，经试验对比不如垄种增产。因此，近年来逐步改为一垄双行或 5～10 米大畦小垄种植，以提高土地利用率。

## （二）两项种植方式的改革

**1. 改多粒稀穴为双粒密穴**　近年来，我国北方花生产区不少地区和单位仍沿用多粒稀穴的种植方式，即每穴播种 3 粒以上，每亩播种 6 000 穴左右。从株数来讲，每亩种 18 000 株也不算稀植范畴，但因为每穴多株，个体生育受到限制，群体也难以发挥出增产潜力，所以产量很低。如果每穴由 3 粒改为 2 粒，每亩不增加用种量，穴数可由 6 000 穴增加至 9 000 穴，达到了合理密植的范畴，就能显著增产。据试验，每亩 6 000 穴、每穴 3 粒种的花生每亩产荚果 262.5 千克；而每穴双粒，每亩穴数增加至 9 000 穴的花生产荚果 306.5 千克，比前者增收荚果 44 千克，增产率为 16.7%。由此看来，在种子分级粒选的基础上增穴减粒，是一项合理密植且经济有效的增产措施。

**2. 改方形穴播为宽行窄穴**　我国有不少平作花生产区，多采用行穴距近同的正方形种植方式。其最大的缺点是行距太窄、中耕管理不便；植株封行早，加剧了群体植株争光矛盾，因而比相同密度的宽行窄穴方式显著减产。根据密枝型花生品种密度试验，在每亩种植 4 000 穴的条件下，行、穴距各 40 厘米的正方形方式，每亩产荚果 237.15 千克，行距 50 厘米、穴距 33 厘米长方形方式和行距 60 厘米、穴距 26.4 厘米的宽行窄穴方式，分别比正方形每亩增收荚果 6.9 千克和 65.9 千克，增产 2.9％和 27.9％。由此可见，在不影响种植密度的情况下，适当缩小穴距、放大行距，也是一项重要的增产措施。

# 第六节　轮作模式

## 一、萝卜-花生-萝卜栽培模式

**1. 品种选择**　萝卜选用白雪春 2 号、世农 301、秋成 2 号等；花生选用大四粒红、豫花 15 号等。

**2. 茬口安排**　春萝卜于 11 月下旬播种，翌年 3～4 月收获。大棚栽培在 1 月下旬至 2 月上中旬播种，4 月上旬开始采收；花生于 4 月中下旬播种，7 月底至 8 月上旬收获；秋萝卜于 8 月中旬播种，11～12 月收获。

**3. 主要栽培技术**　萝卜、鲜食花生均属旱地作物，宜选择土层深厚、疏松肥沃、排灌方便的土壤。

（1）整地施肥。春萝卜播种前结合翻耕施足基肥，翻耕深度为 40 厘米左右，基肥每亩施商品有机肥 500～1 000 千克、硫酸钾型三元素复合肥（15∶15∶15）30～40 千克、硼砂 2 千克，筑深沟高畦，畦宽（连沟）100 厘米，秋萝卜与春萝卜同。春萝卜采用小拱棚加地膜覆盖方式栽培。花生每亩施复合肥 35 千克、过磷酸钙 10～15 千克、硼砂 0.5 千克左右作基肥，同时用 3％辛硫磷颗粒 2～3 千克防治地下害虫，畦宽（连沟）120 千克。

（2）种子处理。花生播种前 15 天带壳晒种一天，随后剥壳，挑选籽粒饱满、无病斑种子，确保发芽率达到 90％以上。播种前采用种衣剂进行拌种处理，可预防花生菌核病和疮痂病。拌种方法：用 62.5 克/升精甲·咯菌腈悬浮种衣剂 15 克拌花生籽仁 3 千克，平铺晾干备用，注意不要反复揉搓，以防止种子脱皮。

（3）合理密植。萝卜采用直播方式，每穴播 1 粒，每畦种 2 行，株距为 25 厘米，每亩种植 5 500 株左右；花生每畦穴播 2 行，穴距 15～20 厘米，每穴播露白种子 1～2 粒，播种深度 3～5 厘米。

（4）田间管理。

①破膜揭棚。萝卜小拱棚加地膜覆盖栽培的，子叶展开破膜放苗，2 月上旬小拱棚打孔，3 月上旬至中旬揭去棚膜。地膜栽培的，根据天气情况，一般在子叶展开时破膜放苗。在破膜的同时查苗，除弱苗、病苗、杂苗及残缺苗，空穴处需补播。

②除草。萝卜在结合查苗补缺时进行除草；花生杂草较多的田块于翻耕前 5～7 天，用 35％异松乙草胺可湿性粉剂喷雾。播后芽前每亩用 33％二甲戊乐灵乳油 100～120 毫升兑水 40 千克，畦面均匀喷雾进行土壤封闭除草。

③合理追肥。萝卜在施足基肥的基础上，一般再追肥 2 次。第一次是在萝卜"破肚"时，每亩施硫基三元素复合肥 15～20 千克。第二次是在萝卜肉质根膨大期，每亩施硫酸钾型三元素复合肥 15～20 千克；花生采用基肥、苗肥、花荚肥相结合的施肥方法，基肥用量一般占总施肥量的 70％。根据长势，对叶色偏黄、分枝偏弱的追施苗肥；盛花期追施花荚肥。苗肥每亩施复合肥 7.5～10 千克促进壮苗；花荚肥每亩施复合肥 7.2～10 千克。封垄后可用 2％～3％过磷酸二氢钾溶液进行叶面喷洒。

（5）病虫害防治。以农业防治为主，提倡使用物理防治和生物防治方法，必要时采取化学防治。萝卜主要病害有软腐病、霜霉病、黑腐病、花叶病毒病等，主要虫害有蚜虫、菜青虫、菜螟、斜纹夜蛾、甜菜夜蛾、黄条跳甲、猿叶虫等。萝卜软腐病、黑腐病可用 20％噻菌酮胶悬剂 500 倍液，或 8％宁南霉素水剂 800～1 000 倍液喷雾防治。霜霉病可用 72％霜脲·锰锌（克露）

可湿性粉剂 600 倍液，或 30%烯酰吗啉胶悬剂 1 000 倍液喷雾防治。病毒病可用 20%吗啉胍·乙铜可湿性粉剂 800 倍液，或 10%吗啉胍·羟烯水剂 1 000 倍液喷雾防治。萝卜蚜虫可用 22%氟啶虫胺腈胶悬剂 1 500 倍液，或 70%吡虫啉水分散颗粒剂 6 000倍液喷雾防治。菜青虫、菜螟可用 5%氯虫苯甲酰胺胶悬剂 1 000 倍液，或 10%溴氰虫酰胺油悬浮剂 2 000 倍液在低龄幼虫期防治。斜纹夜蛾、甜菜夜蛾可用 10%溴氰虫酰胺油悬浮剂 2 000倍液，或 5%虱螨脲乳油剂 1 000 倍液防治。黄条跳甲、猿叶虫可用 60%吡虫啉悬浮种衣剂 10 毫升，或 10%溴氰虫酰胺油悬浮剂 750 倍液防治。地下害虫可用 0.2%联苯菊酯颗粒剂 5 千克，或 1%联苯·噻虫胺颗粒剂 3～4 千克拌土行侧开沟施药或撒施。花生主要病虫害有蛴螬、小菜蛾、蓟马、蚜虫、叶斑病、疮痂病等。防治蛴螬可用 50%辛硫磷乳油 1 000 倍液拌细土25～30 千克撒施，或用 2.5%高效氯氟氰菊酯乳油 1 000 倍液喷雾；防治小菜蛾，可用 30%茚虫威乳油 1 500 倍液，或 5%氟啶脲（抑太保）乳油 1 000 倍液喷雾；花生苗期易被蓟马危害，植株被害后叶片皱缩，症状与病毒病相似，可用 60 克/升乙基多杀菌素悬浮剂 2 000 倍液喷雾防治，必须每隔 3～4 天防治 1 次，连续防治 2～3 次；防治蚜虫可用 10%吡虫啉可湿性粉剂 1 500 倍液喷雾。叶斑病可用 50%多菌灵可湿粉 1 000 倍液喷雾防治；防治疮痂病可在花生播种前用 62.5 克/升精甲·咯菌腈悬浮种衣剂 15 克拌花生籽仁 3 千克预防。

（6）采收。当萝卜肉质根长到一定大小时，即可根据市场行情分批收获，采收时叶柄部留 3～4 厘米后切断。花生当顶叶退淡、基叶变黄，荚壳外表光滑、略起网纹，60%～70%籽粒充实度达到饱果仁标准，老嫩适度时及时采收。

## 二、花生-晚稻-芥菜栽培模式

**1. 品种选择**　花生选择大四粒红、豫花 15 号等；晚稻选择甬优 538、嘉禾 218 等品种；芥菜选择黄叶雪里蕻、嘉雪四月蕻、甬雪 4 号、九头芥等。

**2. 茬口安排**　花生于 3 月底播种，6 月底 7 月初采收上市；晚稻于 6 月中旬播种育苗，7 月中旬机械移栽，11 月上中旬收割。芥菜在 9 月下旬播种育苗，11 月中下旬定植，翌年 3 月底至 4 月初采收上市。

**3. 主要栽培技术**

（1）整地施肥。花生每亩施复合肥 50 千克、过磷酸钙 10~15 千克、硼砂 0.5 千克左右作基肥，同时用 3% 辛硫磷颗粒 2~3 千克防治地下害虫。芥菜育苗选择地势高、土壤肥沃的田块作苗床，深耕土壤，施足基肥。播前 10~15 天每亩用复合肥 20 千克或碳酸氢铵 25 千克加过磷酸钙 10~15 千克作基肥，亩用护地净 1 千克，整平土地。

（2）种子处理。花生种子处理见萝卜-花生-萝卜栽培模式。水稻浸种前晒种 1 天，每 5 千克种子用 25% 氰烯菌酯悬浮剂（劲护）5 毫升加水 7.5 千克搅拌均匀后浸种 36 小时。催芽时先用 50℃ 温水淘种 5 分钟后捞起，35~38℃ 保温催芽 18~22 小时至 90% 种谷露白时，每千克种子再用 10% 吡虫啉可湿性粉剂 15 克兑水 50 克均匀拌种后播种。芥菜种子播种前可用 50% 多菌灵可湿性粉剂 10 克兑水 50 毫升拌种子 500 克。

（3）播种育苗。花生畦宽（连沟）120 厘米，每畦播 3 行，穴距 18~22 厘米，播种深度 3~7 厘米。水稻在花生收获前 30 天左右采用先进的播种流水线进行机械播种，基质育秧常规稻每亩大田 25~28 盘（60 厘米×30 厘米），杂交稻每亩 18~22 盘，2 叶 1 心时用 1 000 倍多效唑喷雾防止秧苗徒长，栽插前 2~3 天每亩秧田用 1 000 倍多效唑、1.5% 尿素、25% 吡蚜酮 1 500 倍液、20% 氯虫苯甲酰胺 2 000 倍液喷雾壮秧防治病虫。芥菜亩用种量 400 克左右，秧本田比 1∶5，播后用脚踏实，上面撒草木灰，2 叶期间苗，结合间苗施追肥，亩用复合肥 7.5 千克，同时亩用吡虫啉30克防治蚜虫，移栽前7天施起身肥，亩施尿素5～7.5千克，并亩用吡虫啉30克防蚜虫，做到带肥、带药移栽。

（4）移栽。水稻栽插前2～3天大田旋耕平整淀实，开好"中"字丰产沟，秧苗3.1叶前机插。常规品种行株距25厘米×14厘米或30厘米×12厘米，每亩基本苗5万～7万株，杂交稻行距30厘米，每亩基本苗3万～4万株。芥菜移栽前10～15天，结合整地每亩施腐熟有机肥1 500千克或商品有机肥500～1 000千克，亩施硫基复合肥10～15千克，畦宽连沟1.4米，每畦种3行，亩栽4 000～5 000株。

（5）施肥。花生施肥见萝卜-花生-萝卜栽培模式。机插晚稻总施肥量比直播稻减少10%～15%，一般亩施碳酸氢铵或复合肥20～25千克作基肥，栽插后5～7天亩施尿素7.5千克左右作促蘖肥，栽插后12～15天亩施尿素7.5千克、氯化钾7.5千克左右作分蘖肥，破口始穗期亩用多功能复合微肥"粒粒饱"60克左右兑水喷施，乳熟期亩用尿素3～5千克。芥菜栽后3～5天施还苗肥，亩用碳酸氢铵5千克加过磷酸钙2.5千克兑水浇施；年内看苗再施1～2次追肥，在苗黄时或天气变冷时施入，每次亩用尿素7.5～10千克，要求下午施入；年后施1次追肥，亩用尿素7.5～10千克。

（6）灌水。花生在结果期干旱时，易造成荚果发育不正常，可采用灌半沟水，待湿润后排干。水稻机插时田面有薄水，插后保持浅水护苗活棵。返青后宜薄水勤灌，以田面湿润为主。当苗数达到计划穗数的80%时，排水晒田，控制无效分蘖，搁田宜早并多次轻搁。到4叶露尖时及时复水，幼穗分化期浅水勤灌，抽穗扬花期灌满水调节温湿度，灌浆乳熟期干干湿湿养老稻，收割前7～10天断水。芥菜是喜湿蔬菜，根据田间土壤干燥情况进行科学浇水，保证田间湿度至少在70%以上。

（7）病虫害防治。花生病虫害防治见萝卜-花生-萝卜栽培模式。水稻主要病虫害为稻曲病、纹枯病、稻瘟病、稻飞虱、稻纵卷叶螟等，稻曲病可亩用 43％戊唑醇胶悬剂 12 毫升防治，纹枯病可亩用 4％井冈霉素水剂 200 毫升喷雾防治，稻瘟病可亩用 75％三环唑可湿性粉剂 20 克兑水喷雾防治；稻飞虱可亩用 25％吡蚜酮可湿性粉剂 20～30 克或 25％噻嗪酮可湿性粉剂 50 克等兑水喷雾防治，稻纵卷叶螟可亩用 20％氯虫苯甲酰胺胶悬剂 10 毫升或 10％阿维·氟酰胺胶悬剂 30 毫升等喷雾防治。芥菜主要病虫害为炭疽病、软腐病、根腐病、蚜虫、地下害虫等。炭疽病可用 25％咪鲜胺乳油 1 000 倍液或 42.8％氟菌·肟菌酯胶悬剂 3 500倍液喷雾防治，软腐病可用 20％噻菌酮胶悬剂 500 倍液或 8％宁南霉素水剂 800～1 000 倍液在发病初期喷淋或灌根，根腐病可用 95％噁霉灵可湿性粉剂 3 000 倍液喷淋，蚜虫和地下害虫可用 22％氟啶虫胺腈胶悬剂 1 500 倍液或 0.4％氯虫苯甲酰胺颗粒剂 0.7～1.5 千克防治。

（8）采收。花生当顶叶退淡、基叶变黄、荚壳外表光滑、略起网纹，60％～70％籽粒充实度达到饱果仁标准，老嫩适度时及时采收。水稻适时抢晴收割，避免割青。细叶芥菜当分枝叶同主枝叶平出时即可采收，大叶芥菜当有 5～6 片叶充分长大、叶边缘发黄时第一次采收，以后每 7～15 天采叶一次。

# 三、豌豆-花生-大白菜栽培模式

**1. 品种选择**　豌豆可选择浙豌 1 号等；花生选择大四粒红、豫花 15 号等；大白菜选择早熟 8 号、浙白 8 号、双耐等。

**2. 茬口安排**　豌豆于 11 月上中旬播种，翌年 4 月中下旬至 5 月中下旬采收；花生于 5 月中下旬播种，8 月上中旬收获；大白菜于 8 月下旬播种育苗，9 月中下旬定植，11 月底至 12 月初收获。

**3. 主要栽培技术**

（1）地块选择。宜选前 1 年未种过豆类作物、地势平坦、土层深厚、疏松肥沃、排灌方便的沙壤土。

（2）种子处理。豌豆种子应选粒大、整齐、健壮和无病害的种子，播种前晒种 2～3 天。花生播种前进行种子处理。即在晒种、荚选、剥壳后粒选的基础上，用 50％多菌灵可湿性粉剂 50 克、600 克/升吡虫啉悬浮种衣剂 30 毫升、助剂 30 毫升兑水 200 克拌种。注意拌匀拌透。晾干后即可播种。

（3）整地施肥。豌豆地翻耕后作成宽 1.2 米（连沟）的畦，施腐熟有机肥 2 000 千克、复合肥 30 千克、过磷酸钙 30 千克和氯化钾 10 千克作基肥。花生每亩施复合肥 35 千克、过磷酸钙 10～15 千克、硼砂 0.5 千克左右作基肥，同时用 3％辛硫磷颗粒 2～3 千克防治地下害虫。大白菜栽培宜深沟高垄，结合整地每亩施商品有机肥 500～1 000 千克，加过磷酸钙 30～40 千克、菜籽饼 150～200 千克、草木灰 100 千克。地块耕耙以后，起平畦，畦面宽 80～90 厘米，畦高 20～30 厘米，沟宽 25～30 厘米。

（4）播种。豌豆播种密度因品种而异。蔓生种行距 60 厘米，株距 26～30 厘米，每穴 3～4 粒。采收嫩荚和矮生种，条播行距 30～40 厘米，点播行距 25～30 厘米，株距 10 厘米，每穴播 2～3 粒，用种量约每亩 2 千克，播后覆土 2 厘米。花生畦宽（连沟）120 厘米，每畦播 3 行，穴距 18～22 厘米，播种深度 3～5 厘米。大白菜播种畦宽（连沟）1.2～1.5 米，行距 50～55 厘米，穴距 35～60 厘米，密度每亩栽 2 500～3 500 株，每畦种 2 行。

（5）移栽。豌豆、花生均为直播。大白菜一般播后 30 天、苗高 15 厘米左右、具 5～6 张真叶时就可以定植。

（6）田间管理。豌豆整个生育期需中耕除草 2～3 次，苗期除草要除早、除小、切勿伤苗，松土除草在开花前完成。当豌豆幼苗茎蔓长到 20～30 厘米时及时搭架，并随时理蔓，以利于通风透光。抽蔓开花时即可灌水，一般灌水 2～3 次，干旱时可沟灌或滴灌，保持土壤湿润。追肥 2～3 次，在苗期、植株生长旺盛和开花结荚期各追肥 1 次，每亩每次施复合肥 15～20 千克。

采收开始后每隔 7 天可用 0.2％磷酸二氢钾及硼、锰、钼等微量元素根外追肥。花生田间管理见萝卜-花生-萝卜栽培模式。大白菜播种后，发芽期和幼苗期应保持土壤湿润，如遇干旱，应及时浇水；幼苗期结合灌水施提苗肥，每亩施入硫基复合肥 25～35 千克，同时可喷施含氨基酸水溶肥料等功能性叶面肥；莲座期结合灌水及时施重肥，保证莲座叶迅速而健壮生长，每亩施尿素 8～10 千克、硫基复合肥 25～35 千克，加入硼砂 1 千克，喷洒 0.7％氯化钙与 50 克/千克萘乙酸混合液 4～5 次。结球期在结球初期和中期需养分和水分最多，结球初期，每亩施尿素 15～20 千克，硫酸钾 8～10 千克；结球中后期，可用 0.5％尿素、1.0％磷酸二氢钾液作根外追肥 1～2 次；叶球生长结实后，应停止灌水，防止因水分过多而叶球开裂，引起腐烂，降低产品质量和产量。

（7）病虫害防治。潜叶蝇、菜青虫、斜纹叶蛾和蚜虫是豌豆的主要害虫，应在苗期抓好防治工作。根腐病和立枯病是土传病害，防治方法是实行水旱轮作，切忌旱地连作，也可用多菌灵等药剂在苗期进行防治。花生病虫害防治见萝卜-花生-萝卜栽培模式。大白菜病虫害主要有霜霉病、病毒病、软腐病、蚜虫、菜青虫、小菜蛾等。霜霉病防治可用 80％代森锰锌可湿性粉剂 600～700 倍液、72％霜脲·锰锌可湿性粉剂 600 倍液等在发病初期使用；病毒病防治关键是早期及时进行蚜虫防治，出苗后至 7 叶期前，及时消灭蚜虫，发病初期可用 20％吗啉胍·乙铜可湿性粉剂 500 倍液每隔 7 天防治 1 次，连续使用 2～3 次；软腐病防治主要是做好排灌工作，管理时注意减少自然或人为造成的伤口，发病初期喷洒 8％宁南霉素水剂 800～1 000 倍液、20％噻菌酮胶悬剂 500 倍液等药剂，每 7～10 天喷 1 次，连续防治 2～3 次。蚜虫可用 22％氟啶虫胺腈胶悬剂 1 500 倍液、10％啶虫脒微乳剂 2 000 倍液等防治；菜青虫、小菜蛾可用 5％氯虫苯甲酰胺胶悬剂 1 000 倍液、240 克/升虫螨腈胶悬剂 1 500 倍液或 60 克/升乙基多杀菌素胶悬剂 2 000 倍液等药剂在低龄幼虫期防治。

（8）采收。豌豆供作鲜菜用的嫩豆荚或豆粒一般在开花后14～20 天开始采收，当豆粒已充分长大、荚色由浓绿开始转白时为采收适期。根据销售或消费需求及时分期分批采摘。花生当顶叶退淡、基叶变黄，荚壳外表光滑、略起网纹，60%～70%籽粒充实度达到饱果仁标准，老嫩适度时及时采收。大白菜待结球状紧实后，一次性采收上市。

## 四、晚稻-三膜覆盖花生大棚栽培模式

**1. 品种选择**　花生选择大四粒红、四粒红等；晚稻选择甬优 538、嘉禾 218 等品种。

**2. 茬口安排**　晚稻于 6 月中旬播种育苗，7 月中旬机械移栽，11 月上中旬收割。大棚三膜覆盖花生于 1 月底到 2 月上中旬播种育苗，4 月底到 5 月上中旬收获。

**3. 主要栽培技术**

（1）整地施肥。花生每亩一次性施复合肥 50 千克、过磷酸钙 10～15 千克、硼砂 0.5 千克左右作基肥，同时用 3% 辛硫磷颗粒 2～3 千克防治地下害虫。水稻施肥技术见花生-晚稻-芥菜栽培模式。

（2）种子处理。花生种子处理见萝卜-花生-萝卜栽培模式。水稻种子处理见花生-晚稻-芥菜栽培模式。

（3）播种育苗。大棚花生穴距 18～22 厘米，平均行距 35～40 厘米，播种深度 3～7 厘米。水稻收割后及时对土壤进行晒垡。当土壤晒干后及时开沟，深耕 30 厘米以上。

（4）移栽。水稻移栽见花生-晚稻-芥菜栽培模式。

（5）施肥。水稻、花生施肥见花生-晚稻-芥菜栽培模式。

（6）病虫害防治。水稻、花生病虫害防治见花生-晚稻-芥菜栽培模式。

（7）采收。水稻适时抢晴收割，避免割青。花生当顶叶退

淡、基叶变黄，荚壳外表光滑、略起网纹，60％～70％籽粒充实度达到饱果仁标准，老嫩适度时及时采收。

# 第七节 栽培方式与技术模式

浙江省慈溪市位于杭州湾南岸，宁绍平原北部，属亚热带季风型气候，又受杭州湾水体的影响，海洋性气候特征比较明显，全年四季分明，冬春季寒冷，空气湿润，雨水充足，常年平均气温 16.3℃，其中 0℃ 以上的积温 5 883.1℃，持续期为 357 天；≥10℃ 积温为 5 092.5℃，持续期为 235.6 天；≥20℃ 积温为 3 316.7℃，持续期为 128.9 天。常年无霜期为 243 天。花生是喜温作物，适宜的温度为 25～33℃。低于 15℃，花生种子发芽、开花、下针受到影响；低于 10℃，营养生长缓慢，生殖生长受到抑制；5℃ 时茎叶停止生长，2℃ 则受到冷害，0℃ 即被冻死。高于 35℃ 生殖发育受到影响，高于 40℃ 生理紊乱而热死。慈溪市目前鲜食花生面积逾 5 万亩，特殊的气候环境条件制约着花生产业的发展，鲜食花生一年一熟和一年两熟，以露地或小拱棚覆盖为主。花生播种季节一般在 3 月底至 8 月上旬，市场供应在 5 月底至 11 月上旬。编者经过多年的鲜食花生新品种引种及三膜（四膜）覆盖技术摸索，播种季节可延长至 1 月中旬至 9 月中下旬，市场供应可从 4 月底至翌年 2 月初，基本实现鲜食花生周年化生产，目前推广面积已达 500 余亩，经济效益喜人。

## （一）早春三膜覆盖栽培

**1. 品种选择** 早春由于气温低，导致花生生育期延长，应选择早熟性好、耐寒性强的品种，一般选择红袍系列红衣花生品种，以大四粒红、四粒红为好。

**2. 整地施肥** 要获取高产必须选好地、早整地和施足基肥。要求土壤肥力充足、深沟高畦。在前一年 11 月底至 12 月初深耕 25～30 厘米，亩施 15：15：15 复合肥 40 千克、硫酸钾 10 千克。若遇水稻土新垦土壤，亩增施过磷酸钙 15 千克。当年 1 月上旬再浅耕耙实，亩施 15∶15∶15 复合肥 12.5 千克、硫酸钾 7.5 千克、硼肥 0.25～0.5 千克（考虑到薄膜覆盖操作不便，也可在下针期追肥）。

**3. 种子处理**　播种前半个月带壳晒种 1～2 天，随后剥壳，挑选籽粒饱满、无病斑种子，确保发芽率达到 90％以上。播种前种子进行种衣剂拌种处理，用 10 克 5％咯菌腈悬浮种衣剂拌种 3 千克籽仁，平铺晾干备用，不要反复揉搓，以防脱皮。

**4. 种植时期和密度**　一般在 1 月中旬至 2 月中旬播种，每畦宽 2.4 米或 1.2 米，种 6 行或 3 行，平均行距 40 厘米（连沟）。如果种 3 行，畦面平均行距一般 30 厘米（沟一般 30 厘米）；如果种 6 行，一般畦面宽 35 厘米左右。平均株距 18～22 厘米。由于早春气温低，花生发棵不良，一般密度要求在 8 000 穴左右，每穴 3 株。用种量一般在 15 千克左右（带壳）。

**5. 适时采收**　春季价格跌幅较大，当饱果达到 60％～70％时，可以采收。一般从播种期开始算 110 天左右可以收嫩果。

**6. 注意事项**

（1）早春由于近年来雨水较多，棚膜和地膜建议均选用多功能膜（无滴膜），以防烂苗。开花下针盛期时，见苗化控，当植株高于 30 厘米时，用矮壮素化控，建议用国光 50％矮壮素 500～800 倍液或粉剂 1 小包（98％，10 克）兑 50 千克水，或烯唑醇 1 000 倍液。春夏季气温由低到高，花生只防治地下害虫，无病害发生。早春由于气温较低，建议在棚两边再增加一层围裙。早春如遇连续阴雨超过 5 天以上，最低温度低于 5℃，建议用穴盘育苗集中催芽法。

穴盘育苗采用 50 孔穴盘，基质配比为东北泥炭∶珍珠岩＝3∶1，添加 1 千克/立方米过磷酸钙，以增加磷的供应量。选择籽粒饱满无病斑、无脱皮的花生种子，在播种前穴盘先浇透水，用 5％咯菌腈悬浮种衣剂 10 克拌种 3 千克籽仁，平播于基质的穴盘内，再覆盖好基质及珍珠岩，然后覆膜，出苗期保持棚温20℃左右，待花生出苗率达到60%左右，揭去覆膜。在真叶抽生之前，尽量将基质控制在湿润偏干状态，为发根和控制秧苗生长创造良好条件；由于气候转冷，苗床尽量少浇水，过干时适当补充水量。在花生移栽前，应注意预防苗病，可在齐苗后3～4天内喷施50%多菌灵1 000倍液防治炭疽病。苗床虫害多以蚜虫为主，亩用10%吡虫啉20克防治。由于花生是浅根系作物，花生出苗后7～10天进行移栽，移栽时带基质，否则伤根后会影响结果，从而引起减产。

（2）合理间作，提高经济效益。早春由于气温较低，接近棚四周的花生成熟期较迟，影响花生收获的一致性，可在棚四周种植耐寒作物如马铃薯等。

鲜食花生早春三膜覆盖技术的优点：经济效益高，鲜食花生口感好，供不应求。亩产量一般在600千克左右，以44元/千克计算，亩经济效益在26 400元左右。剔除各类成本5 800元，其中大棚折旧3 000元/亩［大棚成本20 000元/亩（含内棚），5年折旧，每年两季（一季种其他作物），折每亩2 000元；大棚膜两层2 000元，每年两季，每季1 000元］，种子成本300元，化肥、农药成本500元，地租500元，人工费1 500元成本。亩净效益在20 600元左右。缺点：操作繁杂，种植成本高（大棚一次性投入高），早春气候对出苗的影响大，阴雨天气有可能导致出苗困难，种植周期长。

### （二）早春双膜覆盖栽培

双膜覆盖是指采用大棚单膜和地膜两层覆盖和小拱棚加盖地膜覆盖。

**1. 品种选择**　春季由于气温较低，选择早熟性好、耐寒性强的品种，一般选择红袍系列红衣花生品种，以大四粒红、四粒红为好。

**2. 整地施肥**　一般在2月中下旬对土地进行翻耕，亩施

15：15：15 复合肥 40 千克、硫酸钾 10 千克。若遇水稻土新垦土壤，亩增施过磷酸钙 15 千克。3 月上旬再浅耕耙实，亩施 15：15：15 复合肥 10 千克、钾肥 5 千克、硼肥 0.25～0.5 千克。

**3. 种子处理**　播种前带壳晒种，选干燥的晴天晒种 1～2 天。一般在播种前 1 周剥籽，若过早剥籽容易吸水受潮、病菌感染。要精选种子，要求颗粒饱满、无病籽、无霉变种子。建议播种时使用种衣剂拌种。

**4. 种植时期和密度**　一般在 3 月中下旬播种，畦面整理参照三膜覆盖技术。平均株距 18～22 厘米，平均行距 40 厘米，一般密度在 8 000 穴左右，每穴 2 株，要保证不少于 7 000 穴。用种量一般为 10～12.5 千克。

**5. 适时采收**　由于春季升温快，及时采收对商品性和价格有极大的影响，一般播种后 90 天左右就可以采收。

**6. 及时化控夺取高产**　在开花下针盛期，当植株长到 30 厘米时，及时做好化控，浓度参照三膜覆盖技术。

鲜食花生早春双膜覆盖技术（大棚双膜覆盖及春季小拱棚）优点：能取得较好的经济效益。亩产量一般在 600 千克左右，以 28 元/千克计算，亩经济效益在 16 800 元左右，剔除各类成本 5 300 元，亩净效益在 11 500 元左右。苗期容易管理，效益稳定。缺点：操作繁杂，种植成本高。

**（三）春季地膜覆盖栽培**

**1. 品种选择**　春季气候稳定，花生生长发育加快，生育期缩短，但温度的升高也使鲜食花生的口感降低，一般可选择口感较好、中熟型的品种，如花育 22 号、花育 33 号等品种。大四粒红花生虽然生育期短，但口感仍超过中熟型品种，在春季地膜覆盖条件下可以种植。

**2. 整地施肥**　一般在 2 月中下旬对土地进行翻耕，亩施 15：15：15 复合肥 35 千克、硫酸钾 10 千克。若遇水稻土新垦土壤，亩增施过磷酸钙 15 千克。3 月下旬再浅耕耙实，亩施复合肥 10 千克、钾肥 5 千克。

**3. 种子处理**　播种前带壳晒种，选干燥的晴天垫布晒种 1～2 天。一般在播种前 1 周剥籽，若过早剥籽容易吸水受潮、病菌感染。要精选种子，要求颗粒饱满、无病籽、无霉变种子。

**4. 种植时期和密度**　播种期一般为 4 月中旬至 5 月上旬。应根据天气进行播种，一般选择播种前连续 1～2 天晴天、播种后连续 2 天以上不下雨的天气。播种方法采用开沟后直播，覆土不宜过多，一般以 2～3 厘米为宜。若土壤过干，在种植沟内浇透水，没有浮水后就可以播种。平均株距 18～22 厘米。一般密度为 8 000 穴左右，每穴 2 株，要保证不少于 7 000 穴。用种量一般为 10～12.5 千克。

**5. 适时采收**　此时的温度急剧上升，一般播种后 85～90 天就可以采收。

**6. 及时化控夺取高产**　在开花下针盛期，当植株长到 25～30 厘米时，及时做好化控。

**7. 主要病虫害防治**　此时期是花生蓟马危害最为严重的时期，要做好蓟马的防治工作。成熟采收期也是黑斑病的高发时期，当田间病叶率达到 10% 以上时，每亩可用 50% 咪鲜胺锰盐可湿性粉剂 40～60 克兑水喷施。

鲜食花生春季地膜覆盖的优点：产量高，操作简单，成本低，对土地要求不高，种植周期较短。缺点：经济效益低。春季由于本地种植面积大加上外地花生的进入，批发价低，此时市场价格一般在 12 元/千克左右，一般亩产 650 千克，亩效益在 7 800 元左右。剔除地租、人工、化肥、农药、种子等成本 2 800 元，亩净效益在 5 000 元左右。

**（四）夏秋季地膜栽培**

**1. 品种选择**　夏秋季气温高，此时期花生生长发育很快，生育期短，温度的急剧升高也使鲜食花生的口感变差，一般可选择口感好、产量高、生育期较长的迟熟型粉衣花生品种，如豫花

15 号、豫花 9326 和豫花 9327 等品种。小京生和大四粒红品种也可在此时期播种。

**2. 整地施肥**　一般在前一个月对土地进行翻耕，亩施 15：15：15 复合肥 40 千克、硫酸钾 20 千克。在播种前再对土壤浅耕耙实。

**3. 种子处理**　一般在播种前 1 周剥籽，若过早剥籽容易吸水受潮、病菌感染。要精选种子，要求颗粒饱满、无病籽、无霉变种子。

**4. 种植时期和密度**　一般在 5 月中下旬至 8 月上旬。此时期播种尽量采用 3 粒下种，适当深播和密植。

**5. 注意事项**　此时期也要采用地膜覆盖技术。要看天种植，因为这段时间特别是 6～7 月雷阵雨较多，尽量避开持雨天气，以免影响出苗。采收期宜早不宜迟。特别是 5 月中旬至 6 月中下旬，温度高、生育期短，一般 75 天左右就可上市。8 月 20 日以后，一般在浙江当地不建议采用光地膜种植，有可能颗粒无收。这时期要注意疮痂病的发生。

鲜食花生夏秋季地膜栽培优点：操作简单，成本低，对土地要求不高，种植周期短。缺点：经济效益低，产量低。由于这个时期的花生口感不好，市场价低，批发价格一般在 10 元/千克左右，亩产一般在 500 千克左右，亩效益在 5 000 元左右，剔除地租、人工、化肥、农药、种子等成本 2 800 元，亩净效益在 2 200 元左右。

### （五）秋冬季三膜覆盖栽培

**1. 品种选择**　秋冬季由于气温前期高、后期低，特别是 11 月中下旬以后温度持续下降，导致花生生育期延长，应选择早熟性好、耐寒性强的品种，一般宜选择红袍系列花生品种，以大四粒红、四粒红为好。

**2. 土地选择**　应选择土壤肥力均匀、地势高燥地块的大棚地，用深耕机深旋土壤 30 厘米以上。花生忌重茬，忌前作莴苣、番茄和十字花科蔬菜地，以防秋冬季病害暴发。

**3. 整地施肥**　一般在播种前一个月对土地进行翻耕，亩施15∶15∶15 复合肥 50 千克、硫酸钾 20 千克、硼砂 0.5 千克。棚外开好深沟，以利于排水。在播种前再对土壤浅耕耙实。

**4. 种子处理**　播种前半个月带壳晒种 1～2 天，随后剥壳，挑选籽粒饱满、无病斑种子，确保发芽率达到 90％以上。播种前对种子进行种衣剂拌种处理，用 10 克 5％咯菌腈悬浮种衣剂拌种 3 千克籽仁，平铺晾干备用，不要反复揉搓，以防脱皮。

**5. 种植时期和密度**　播种期一般为 8 月底至 9 月中下旬。夜潮土最迟在 9 月 10～15 日播种，黄泥翘土延迟至 9 月 25 日播种，若加盖小拱棚，则可延迟至 9 月底。平均株距 18～22 厘米。一般密度在 8 000 穴/亩左右，开沟播种，沟深 5 厘米左右，每穴 2～3 株。用种量一般在 12.5 千克/亩左右。

**6. 盖膜保温**　大田播种覆土后用 96％精异丙甲草胺（先正达金都尔）50 毫升＋2.5％乳油高效氯氟氰菊酯 25 毫升兑水 50 千克喷洒畦面，防治虫害、草害。随后覆盖厚地膜，厚度 0.014 毫米，覆盖厚地膜保温性好，还能确保花生荚果成熟一致，提高商品率。内棚膜一般在最低温度低于 15℃时覆盖，厚度 0.05 毫米，10 月中旬覆盖。外棚膜在最低温度低于 10℃时覆盖，选用厚度 0.08 毫米无滴膜，10 月下旬覆盖。晴天棚内温度高于 20℃时，开棚通风降温。遇到低温时可采用四膜覆盖，即再加一层小拱棚膜，确保冬季花生植株不受冻害。

**7. 合理调控**　红袍系列花生主茎高 70～90 厘米，单株平均分枝数 4.5 个，单株有效结荚 15～20 个；花生出苗后 20 天开花下针，若第一侧枝高于 30 厘米，要化控处理。用国光 98％粉剂矮壮素 10 克兑水 50 千克喷雾；或用 5％烯唑醇 800～1 000 倍液喷雾，控上促下，提高产量。

**8. 鼠、鸟、病虫害防治**　播种后种子易受鼠、鸟、刺猬偷食，盖膜后棚四角投放好鼠药，可用无纺布覆盖防鸟，或膜下放置敌敌畏原液熏蒸驱鸟避鼠。

秋冬季在低温高湿逆生长环境加上棚内紫外光少,花生茎叶娇嫩,易诱发各种病虫害,主要有蛴螬、蚜虫、小菜蛾、蓟马、菌核病、疮痂病等。蛴螬用50%辛硫磷兑水1 000倍拌细土25～30千克撒施,或用2.5%乳油高效氯氟氰菊酯1 000倍液喷雾;小菜蛾可亩用30%茚虫威4～5克或用5%氟啶脲(抑太保)1 000倍液防治。苗期易发生蓟马,引发叶片皱缩,症状看起来像病毒病,用乙基多杀菌素60克/升悬浮剂2 000倍液防治,必须每隔3～4天防治1次,连防2～3次;苗期易发生蚜虫,可选用10%吡虫啉1 500倍液喷雾防治。花生菌核病引起茎秆发病腐烂死苗,秋冬季发生严重,特别是低温多湿天气,严重时减产达30%以上,番茄、莴苣及十字花科后作特别严重,及时做好盖膜保温、通风降湿等管理;疮痂病在花生苗期高温高湿条件下有利于发生,遇连续1周以上阴雨,病情可能流行,尤其是下针期和饱果期,造成荚果呈咖啡色斑块,影响商品性。菌核病和疮痂病播种前用10克5%咯菌腈悬浮种衣剂拌种3千克籽仁进行预防。

**9. 适时采收** 鲜食花生秋冬季生育期一般为110～120天,当饱果率达到60%左右时,即可收获上市,应迅速采收,带泥销售,确保甜鲜糯风味。由于秋冬季气温较低,生育期延长,鲜果在1月中下旬至2月上旬上市,且逢春节期间,价格高企。

鲜食花生秋冬季栽培的优点:口感好,市场上稀少,经济效益较好。亩产量一般在550千克左右,以60元/千克计算,亩经济效益在33 000元左右。剔除大棚折旧3 000元/亩[大棚成本20 000元/亩(含内棚),5年折旧,每年两季(一季种其他作物),折每亩2 000元;大棚膜两层2 000元,每年两季,每季1 000元],种子成本300元,化肥、农药成本500元,地租500元,人工费1 500元,亩净效益在27 200元左右。缺点:操作繁杂,种植成本高(大棚),饱果期受气候影响较大,是否及时覆膜和菌核病的发生与否是种植成败的关键。

秋冬季栽培若是黄泥翘土、水稻土可以延迟至 9 月中下旬，而夜潮土一般在 9 月 10 日后不建议再种植，主要原因是夜潮土湿度大，低温多湿易引起菌核病发生。若是丘陵、山地红黄壤，由于其升温慢、降温快的特点，建议 9 月 10 日以后也不再种植。前作尽量不要选择种过莴苣和十字花科作物的田块，以免引起菌核病的普发。

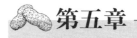

# 第五章

# 鲜食花生生产机械化装备

## 第一节  花生机械化生产现状概况

花生是世界四大油料作物之一。我国花生种植历史悠久，分布区域较为广泛。2018 年，花生的栽培面积在 7 000 万亩左右，花生产业已经形成大生产、大流通、大市场的产销格局，在全球具有举足轻重的地位。花生是劳动密集型产业，在生产过程中用工多，劳动强度大，花生生产"人工成本高"和"用工荒"问题开始显现，限制花生规模化生产，迫切需要机械化保障花生产业可持续发展。本章主要对花生各环节相关生产技术装备进行系统的梳理和分析，从耕整地机械、播种机械、田间管理机械、产后处理机械等方面介绍花生生产机械化技术，阐述作业要求、总体结构和工作原理，推荐适用机具。

我国于 20 世纪 60 年代开始花生生产机械研发，经过几十年的快速发展，取得了长足进步。2018 年，全国花生耕、种、收及综合机械化率分别达到 76.65%、50.98%、44.76%、59.38%。根据全国农业机械化统计年报，2018 年花生收获机保有量为 17.82 万台，总功率 35.09 万千瓦，较 2017 年分别提升了 4.76% 和 120.26%，提升速度明显，特别是大中型收获机械出现井喷式增长，发展潜力巨大。但总体来看，目前我国花生生产机械化水平还处于初级阶段，与水稻、小麦等主要粮食作物机械化生产水平有着较大的差距。

从全程机械化生产角度分析，我国花生生产机械化存在以下问题：

**1. 农机农艺脱节不匹配问题**　我国花生种植的区域较为广泛，种植的品种也是多种多样，导致栽培模式不同，种植标准也有很大差异，极大地限制了花生生产全程机械化。例如，花生种植存在垄种、畦作和平作方式，南方因雨水充足，以垄种和畦作方式为主；北方相对干旱，以平作方式为主。花生育种方面，目前主要以高产、抗病为设计指标，尚未从栽培技术和机械装备等方面综合研究，导致种植的花生对机械作业的适应性较差。

**2. 机械化装备可靠性较差、智能化程度低**　目前，在全国花生生产机械中，耕整地、田间管理机械多为通用机具，已经相对比较成熟；播种、收获、摘果和脱壳等作业环节机械较少，机械机构形式较为单一，多采用机械传动，机械结构复杂，容易造成损坏，性能和质量还不能满足生产需求。机械作业过程中，往往还需要人工进行辅助作业，智能化程度低，导致作业效率较低，增加工作成本。

**3. 花生生产全程机械化作业模式不成熟**　我国花生种植制度多样，大部分花生种植以散户种植为主，规模化生产水平较低，生产手段和经营方式落后。花生生产全程机械化作业是一项复杂的系统工程，涉及耕整地、播种、水肥管理和田间收获等各个环节。目前，花生生产中的某些单一环节，如耕整地、播种、田间管理等作业环节机械化程度较高，但依旧存在各个环节间作业参数不匹配、作业性能不达标等问题，大大限制了花生生产全程机械化作业模式的推广。

# 第二节　耕整地机械

目前，我国花生机械化耕作水平在 76% 左右，使用的多为通用机械。作业时，与拖拉机动力配套的旋耕机、耕翻机、深松机等机械在市场上种类多，质量可靠，能够满足花生生产需求。花生耕整地主要包括深耕、施基肥、旋耕碎土、起垄等作业环节，机械主要包括翻转犁、深松机、旋耕机、起垄机和基肥撒施机。

# 一、翻转犁

花生生长需要一定的耕作深度，土壤耕层一般大于 20 厘米。深翻作业是最基本也是最重要的耕作措施，具有翻土、松土、碎土和混土的作用，把前茬作物残茬和失去结构的表层土壤翻埋，将地表肥料、杂草连同表层草籽、病菌和虫卵一起翻埋到沟底，改善土壤物理化学性质，固相、液相和气相三相协调，满足花生生长发育的要求，提高产量。

**1. 作业要求**  作业土壤含水量以 15％～30％ 为宜，耕深大于 20 厘米，一般以打破犁底层为宜，耕后地面较平整，减少开闭垄，回垡、立垡率≤5％，避免漏耕、重耕，最终达到"深、平、透、直、齐、无、小"七字作业要求。一般 3 年深翻一次。

**2. 总体结构和工作原理**  目前，翻转犁可分为机械式、气动式和液压式 3 种，其中液压式应用最为广泛，故以液压翻转犁为例进行介绍。液压翻转犁一般由犁架、犁体、犁柱、限深轮、翻转液压缸、牵引架等组成，具体结构如图 5-1 所示。工作时，液压翻转犁与拖拉机配套使用，由双联分配器控制犁的翻转，通过油缸中活塞杆的伸长和缩短带动犁架上正反向犁体做水平面内的垂直翻转运动，来回交换直至更换到工作位置。

**3. 适用机具**  翻转犁一般需要 50 马力*以上轮式拖拉机或者履带拖拉机，适用机具主要有马斯奇奥 UNICO-S 液压翻转犁、濮阳冯老四机械制造有限公司 1LFY-440 液压复式翻转犁、宁波拿地农业机械有限公司五铧液压翻转犁、德州德丰农机制造有限公司 535 型翻转犁等。

---

\* 马力为非法定计量单位。1 马力≈735.5 瓦。

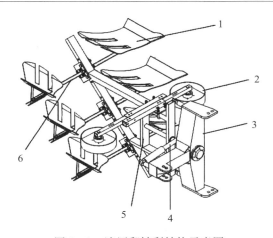

图 5-1　液压翻转犁结构示意图

1. 犁体　2. 限深轮　3. 牵引架　4. 翻转液压缸　5. 犁架　6. 犁柱

## 二、深松机

花生长期种植形成较厚的犁底层，深松作业是指超过一般耕作层厚度的松土，可以疏松耕作层以下 5～15 厘米坚硬心土，且不翻土、不乱土层。通过深松作业，在不破坏原土层的情况下，调节土壤三相比例，为花生生长发育提供适宜的土壤环境条件。

**1. 作业要求**　一般每 3～5 年深松 1 次，特殊情况如土壤板结很明显，可以适当增加深松作业次数。0～20 厘米土壤含水量为 15%～25% 适宜深松作业。深松深度视不同地块耕作层的厚度而定，一般中耕深松深度为 20～30 厘米，深耕深松深度为 25～35 厘米，特殊地块如盐碱地深松深度需达到 35～45 厘米，行与行之间的深度应≤2 厘米。深松间隔一般为 40～50 厘米，最大不能超过 60 厘米，如板结较为严重，可以适当减小深松间隔，最小需控制在 30 厘米左右。

**2. 总体结构和工作原理**　目前，常用的深松机主要有凿式深松机、翼铲式深松机、全方位深松机和宽铲式深松机等，生产的型号较多，这里仅以凿式深松机为例进行介绍。凿式深松机主要由机架、联结板、地轮调节孔、限深轮、深松铲等组成，具体结构如图5-2所示。凿式深松机的工作部件是由弯曲或倾斜的钢性铲柱和带刃口的三角形耐磨钢铲头组成的深松铲，多个深松铲排列呈"人"字形，耕深可达30～45厘米。工作时，拖拉机带动深松机前进，深松铲不破坏土层，疏松犁底层土壤。

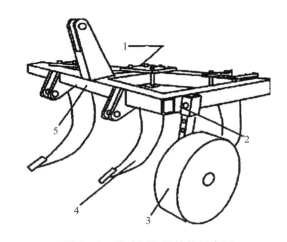

图5-2 凿式深松机结构示意图

1. 联结板 2. 地轮调节孔 3. 限深轮 4. 深松铲 5. 机架

**3. 适用机具** 深松机所需动力较大，一般需要90马力以上轮式拖拉机或者履带拖拉机，适用机具主要有西安户县双永农具制造有限公司1S-230型凿式深松机、新泰市金源机械科技有限公司1S-230型深松机、山东奥龙农业机械制造有限公司1SQ系列深松机、濮阳冯老四机械制造有限公司1S-200型深松机。

## 三、旋耕机

旋耕作业可以达到理想的碎土和平整效果，将残茬清除并将其混合于整个耕作层内，将化肥、农药等混施于耕层，耕层透气透水，有利于花生根系发育，是保证花生生产一致性、增加产量的先决条件。

**1. 作业要求**　旋耕深度一般为 15～20 厘米，耕深稳定≥85%，破土率≥60%，耕后地表平整。

**2. 总体结构和工作原理**　花生旋耕作业通常采用卧式旋耕机和微耕机进行。卧式旋耕机作业效率高，但小地块不够灵活；微耕机灵活，但是效率相对低，应根据不同地块规模因地制宜进行选择。

（1）卧式旋耕机。卧式旋耕机主要包括传动结构、作业结构和辅助结构三大部分，旋耕刀轴上的刀片是按照多头螺旋线的形式分布安装，结构如图 5－3 所示。旋耕刀轴的刀片按照形式，可以分为直角刀、弧形刀、凿型刀、弯刀等，每种刀具具备各自的使用特点，应根据花生种植土壤性质合理选择。工作时，拖拉机通过传动结构传递给旋耕刀轴，旋耕刀轴的旋转方向通常与行进方向一致，通过旋耕刀片将土层向后方切削，土壤因惯性力被抛洒到后方的托板及罩体上，使土壤实现进一步的细碎。

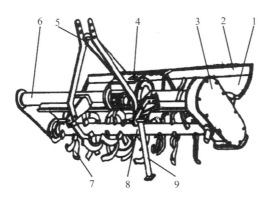

图 5－3　卧式旋耕机结构示意图

1. 挡土罩　2. 平土拖板　3. 侧边传动箱　4. 齿轮箱　5. 悬挂架
6. 主梁　7. 旋耕刀　8. 刀轴　9. 支撑杆

（2）微耕机。微耕机大多采用风冷汽油机或水冷柴油机作为动力，功率不大于 7.5 千瓦，皮带或链条式齿轮箱作为传动装置，配以耕作宽度为 500～1 200 毫米的旋耕刀具，经济性较好，结构较为简单，可用于小地块花生种植地区。微耕机一般由发动机、变速箱、扶手、旋耕刀片、挡泥板及阻力棒等组成，结构如图 5-4 所示。通过传动部分将动力传入变速箱，变速箱通过齿轮啮合将动力进一步传到驱动轮轴，驱动轮轴直接驱动工作部件进行旋耕作业。

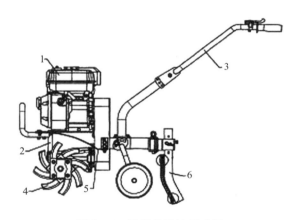

图 5-4　微耕机结构示意图

1. 发动机　2. 变速箱　3. 扶手　4. 旋耕刀片　5. 挡泥板　6. 阻力棒

### 3. 适用机具

（1）卧式旋耕机。宁波拿地农业机械有限公司 ZS/D 135C 系列旋耕机、山东奥龙农业机械制造有限公司 1GKN-200-310 型旋耕机、河南豪丰机械制造有限公司 1GQN 系列旋耕机、中国一拖集团有限公司东方红 1GQN 系列旋耕机、安徽省全椒县富民机械有限公司 1GQN 系列旋耕机。

（2）微耕机。嘉陵本田 FJ500 型微耕机、威马农机股份有限公司 WM 系列微耕机、小白龙 1WG-4.1Q-L 型微耕机、金华爱司米电气有限公司 101B-3 微耕机、湖南本业机电有限公司 1WG4 微耕机、金华牛哥机械有限公司 1WG4G-80 微耕机。

## 四、起垄机

花生起垄播种可以改善土壤团粒结构，增厚活土层，促使花生根系下扎，对提高昼夜温差和地温有利，同时排灌方便、防旱除涝，进而增加花生产量，改善花生质量，实现花生丰产。

**1. 作业要求**　花生垄作可分为覆膜垄作和不覆膜垄作。花生垄的一般规格为：垄距 70～90 厘米，垄高 15～20 厘米，垄面宽 40～60 厘米，垄沟宽 30 厘米，一般采用一垄双行种植，且采用宽窄行，窄行行距通常为 25～30 厘米。花生垄作种植示意图如图 5-5 所示。

图 5-5　花生垄作种植示意图

为了与机械收获配套，种植田两旁须留机耕道，而又为了不减少种植面积，在起垄作业时，最好按照图 5-6 所示进行起垄作业，两旁各起 3～4 条竖垄，其他的为横垄，竖垄也同时种植花生，机械收获时先收获竖垄形成机耕道，方便机械操作，同时又不减少花生种植面积。

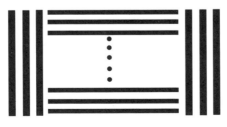

图 5-6　起垄排列示意图

**2. 总体结构和工作原理** 目前，起垄机按照配套动力，可分为微耕机配套型和大中马力拖拉机配套型，根据花生种植模式可以合理选择。

（1）微耕机配套型起垄机。采用微耕机为配套动力，将动力传递至刀辊上，刀辊通常在中间部位布置旋耕刀片，两端设有起垄刀片，通过刀辊的转动带动旋耕刀切削土壤，同时起垄刀将切出的土块甩至垄中间区域集中，再利用起垄整形板镇压垄沟的侧边，完成垄形的整理。微耕机配套型起垄机结构简单，适合小田块花生种植。

（2）大中马力拖拉机配套型起垄机。大中马力拖拉机配套型起垄机主要由悬挂架、变速箱、旋耕刀、起垄刀辊、罩壳等部分组成，结构如图 5-7 所示。起垄机通过三点悬挂连接在拖拉机后，利用高速旋转的起垄刀片作为工作部件对土壤进行碎土并推土成垄。工作时，通过拖拉机的动力输出轴传递至变速箱，经减速后驱动旋耕起垄刀轴旋转，固定在刀轴上的起垄刀片旋转直接击碎泥土，从而起到旋耕松土的作用；同时，起垄刀片从两边螺旋分布，刀片旋转时将泥土推向中间并在起垄仿形板的作用下形成垄畦，从而达到起垄目的。大中马力拖拉机配套型起垄机体积较大，所需配套动力大，作业效率高，适合大田块花生种植。

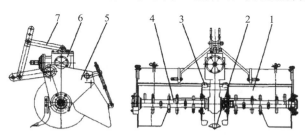

图 5-7　大中马力拖拉机配套型起垄机结构示意图
1. 起垄仿形板　2. 防漏耕犁　3. 旋耕刀　4. 起垄刀辊　5. 罩壳
6. 变速箱　7. 悬挂架

**3. 适用机具**

（1）微耕机配套型起垄机。井关 MSE18C 型起垄机、山东华兴机械股份有限公司起垄机、上海康博实业有限公司 3ZZ-5.9 系列自走式起垄机、无锡悦田农业机械科技有限公司 YT10 多功能田园管理机。

（2）大中马力拖拉机配套型起垄机。成帆农业装备 1ZKNP-120 型作畦机、无锡悦田农业机械科技有限公司 YTLM 起垄机、山东华龙农业装备有限公司 1ZKN 系列精整起垄机、黑龙江德沃科技开发有限公司 1DZ-180 型蔬菜苗床精细整地机。

## 五、基肥撒施机

根据花生的需肥规律，初步确定施肥量后，应该施足基肥，一般可将施肥总量的 70%～80% 用来作为基肥或者种肥使用。根据花生施肥新技术，基肥一般以有机肥为主，每亩施用有机肥 2 000～3 000 千克。根据有机肥形态，在实际应用中花生基肥撒施机为有机肥撒施机。

**1. 作业要求** 肥料充足时，基肥可分层或全层施用。有机肥均匀撒施在土层表面，然后翻耕旋耕土壤，肥料均匀施用土中后起垄作业。

**2. 总体结构和工作原理** 有机肥撒施机一般由履带行走底盘、链板刮肥机构、圆盘撒肥机构、液压马达、出料口开度调节机构、肥料箱等组成，具体结构如图 5-8 所示。动力由汽油机提供，转向机构为液压转向，动力由链条传到变速箱经过变速换向后传递给圆盘撒肥机构。工作时，肥料通过链板输肥机构向后输送，落至撒肥圆盘上，撒肥圆盘高速旋转将肥料均匀撒至田中，肥箱末端由连杆开度调节机构可根据需肥量调节出肥口开度，可实现定量施肥。

**3. 适用机具** 天盛机型 2FZGB 型自走式撒肥机、上海世达尔 2FSQ-10.7（TMS10700）撒肥机、中机华丰（北京）科技有限公司有机肥撒肥车、库恩 SL/SLC100 系列侧式施肥机。

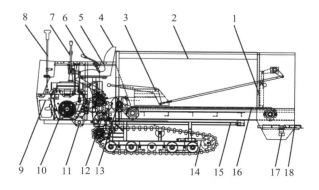

图 5-8　有机肥撒施机结构示意图

1. 转向控制杆　2. 挡位把手　3. 离合控制杆　4. 控制面板　5. 座椅
6. 出料口开度调节机构　7. 肥料箱　8. 挡肥板　9. 圆盘撒肥机构
10. 液压马达　11. 链板刮肥机构　12. 机架　13. 履带行走底盘
14. 过渡带轮　15. 减速箱　16. 液压泵　17. 汽油机　18. 前面板

# 第三节　播种机械

花生播种是生产过程中的重要一环，机械化可以提高播种效率和保证播种质量。花生播种机械从简单的人力点播机到现在联合播种、免耕播种经历了多个发展过程，各类播种机不断完善，尤其是精密播种器的创新优化，基本可以满足花生播种精度、密度和深度要求，获得了较好的应用推广。

## 一、作业要求

目前，花生播种多采用双粒穴播，穴粒合格率≥85%，空穴率≤2%。播种深度以 5 厘米为宜，并保持深度一致性，当土壤墒情好、土壤湿润时，可以适当浅播，但不能小于 3 厘米；反之，可适当深播，最大深度不超过 7 厘米。播种伤种率须小于

1.5%，否则会降低出苗率和影响产量。播种机应具有较好的覆土可靠性，覆土厚度达到农艺要求，避免因覆土不可靠造成晾种的问题。为达到目标产量，单位面积播种量须达到农艺要求，小花生品种每亩以 10 000～12 000 穴为宜，大花生品种每亩以 8 000～10 000 穴为宜，土壤环境或者中晚熟品种可以适当减小播种密度，反之可以适当增加。

## 二、总体结构和工作原理

**1. 小型花生播种机** 小型花生播种机设计结构简单，主要由播种箱、排种器、机架、播种开沟器等组成，如图 5 - 9 所示。工作时，播种机通过悬挂联结到小四轮拖拉机上，在行进时带动地轮滚动，地轮滚动的同时通过链条传动带动排种器转动；播种箱里的种子靠重力进入排种器，转动落入前端的播种开沟器，开沟器在排土开沟的同时将花生种子播种在沟里，从而完成播种工作。

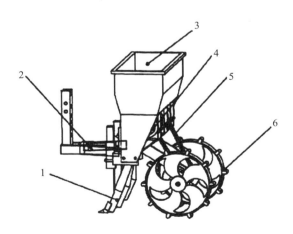

图 5 - 9　小型花生播种机结构示意图
1. 播种开沟器　2. 机架　3. 播种箱　4. 排种器　5. 链条　6. 地轮

**2. 覆膜复式播种机** 花生覆膜复式播种机主要由机架、肥箱、内侧充种式排种器、滑刀式开沟器、外槽轮式排肥器、地轮、压膜辊、覆土滚筒等组成，整机结构如图 5 - 10 所示。花生播种机作业时，集土铲和筑土铲筑出垄，滑刀式开沟器开出化肥沟，双圆盘开沟器开出种沟；地轮通过链轮传动，带动外槽轮式排肥器和内侧充种式排种器转动；外槽轮式排肥器将化肥排出，通过导管将化肥施于化肥沟内；内侧充种式排种器将花生排出，均匀地播入两行种沟内，实现种肥分施，覆土板将化肥和种子覆土盖严，并将垄面刮平；松弛度可调的展膜辊将地膜均匀地平展在垄面，压膜辊随后将地膜压平；覆土圆盘将土壤推进覆土滚筒，随着滚筒在垄面上的滚动，依靠呈螺旋状的导土板的作用，将土壤输送到漏土缝隙处，使土壤撒落在种带上，完成播种。

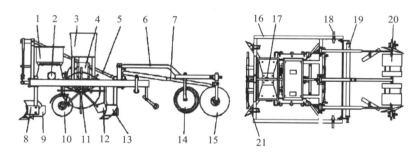

图 5 - 10　花生覆膜复式播种机结构示意图

1. 肥箱　2. 调量器　3. 种箱　4. 内侧充种式排种器　5. 拉杆　6. 覆土圆盘拉杆　7. 覆土滚筒拉杆　8. 集土铲　9. 滑刀式开沟器　10. 双圆盘开沟器　11. 地轮　12. 覆土板　13. 筑土铲　14. 压膜辊　15. 覆土圆盘　16. 机架　17. 外槽轮式排肥器　18. 地膜支架　19. 展膜辊　20. 覆土滚筒　21. 调节拉杆

**3. 膜上打孔播种机** 膜上打孔播种机主要由施肥开沟器、起垄犁、铺膜装置、穴播轮等组成，整机结构如图 5 - 11 所示。工作时，起垄犁将两侧的土推向内侧，同时施肥开沟器开出肥沟，施肥装置在地轮的带动下将种肥排入肥沟内，平土板将垄面平整，开沟器按垄宽开出膜边沟，覆膜装置铺膜，并由穴播轮成穴器的压膜轮将地膜压入膜边沟，同时将膜边压紧，成穴部件打穿地膜在土壤上完成破膜、成穴、投种过程，随后由覆土装置完成膜边覆土及苗带覆土的过程。

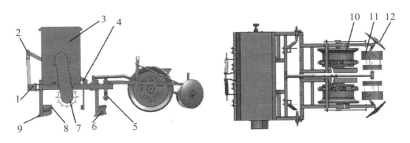

图 5-11　膜上打孔播种机结构示意图

1. 机架　2. 牵引架　3. 肥箱　4. 平土板　5. 铺膜装置　6. 开沟器　7. 地轮
8. 施肥开沟器　9. 起垄犁　10. 穴播轮　11. 覆土滚轮　12. 覆土圆盘

### 4. 免耕播种机

（1）防缠绕免耕播种机。防缠绕免耕播种机包括机架、破茬清茬防缠绕机构、施肥播种机构和镇压机构，施肥播种机构包括播种箱、施肥箱和若干个种肥一体开沟器等，其结构如图 5-12 所示。工作时，播种机的前端部连接在拖拉机的后端并在拖拉机的牵引下在田间移动，拖拉机的动力输出轴通过动力传动机构驱动滚刀轴高速转动，破茬刀和清茬刀将地表和浅土层的农作物根茎切碎，同时将农作物根茎的碎茬清理出种肥带；开沟器将土地耕出一条凹槽，排种器按钮和排肥器旋钮通过链传动机构在辊筒的驱动下，化肥通过下化肥管道播撒到宽沟的中间，种子通过下种子管道播种到宽沟两侧较浅的位置；拨土叉将翻出的泥土覆盖在种子和化肥上，辊筒通过自身的重量在拖拉机的带动下转动并压实土层，完成播种作业。

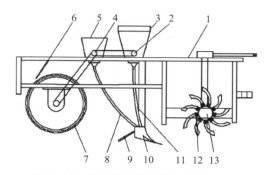

图 5-12　防缠绕免耕播种机结构示意图

1. 机架　2. 排肥器　3. 施肥箱　4. 排种器　5. 播种箱　6. 刮土板　7. 辊筒

8. 种子软管　9. 拨土叉　10. 种肥一体开沟器　11. 化肥软管

12. 刀架　13. 滚刀轴

（2）"洁区"免耕播种机。"洁区"免耕播种机由主机架、秸秆粉碎装置、集秸装置、破茬破土装置、花生播种机、秸秆提升装置、均匀抛撒装置等组成，具体结构如图 5-13 所示。作业

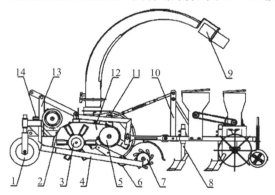

图 5-13　"洁区"免耕播种机结构示意图

1. 限深压秸轮　2. 主机架　3. 秸秆粉碎装置　4. 越秸滑翘板　5. 集秸装置

6. 可调支撑地辊　7. 破茬破土装置　8. 花生播种机　9. 均匀抛撒装置

10. 后三点悬挂　11. 秸秆提升装置　12. 秸秆分流可调装置

13. 前三点悬挂　14. 主动力输入变速箱

时，限深压秸轮滚压作业幅宽外的秸秆，越秸滑翘板与之配合，继续压住秸秆，确保整机顺畅越过抛撒一地的秸秆；同时，秸秆粉碎装置粉碎作业幅宽内地面以上的秸秆和留茬，并捡拾至集秸装置，其间，可通过调节秸秆分流可调装置，实现碎秸秆部分留田、部分收集，满足农艺要求；进入集秸装置的碎秸秆经内部横向输送搅龙推送至秸秆提升装置，被提升越过花生播种机；在碎秸秆未落下、地表无秸秆的空当，破茬破土装置反转浅旋，完成播种前苗床整理，随后花生播种机顺畅开沟、施肥、播种、覆土；最后均匀抛撒装置将碎秸秆均匀覆盖于播种后的地面上，完成全秸秆覆盖地花生免耕播种作业。

## 三、适用机具

**1. 小型花生播种机**　莱阳万达机械制造有限责任公司2MBS-1型花生播种机，青岛千牧机械制造有限公司手扶单行、双行花生播种机。

**2. 覆膜复式播种机**　潍坊众科花生机械有限公司2BH-1型花生播种机、潍坊中迪机械机械科技有限公司2HB-2型花生播种机、青岛万农达2MB系列花生播种覆膜机。

**3. 膜上打孔播种机**　曲阜市宏鑫机械厂2行花生膜上打孔播种机、山东新东兴机械制造有限公司2行花生膜上打孔播种机。

**4. 免耕播种机**　郑州市双丰机械制造有限公司2BHMF-6A免耕花生播种机、河北农哈哈机械集团有限公司2BHF-3/6花生免耕播种机。

# 第四节　田间管理机械

花生田间管理作业主要指在花生田间生长过程中，进行间苗、除草、松土、灌溉、施肥和病虫害防治等作业，为花生生长、丰收创造良好条件。花生田间管理机械主要涉及施肥机械、中耕除草机械、灌溉机械和植保机械等。

# 一、施肥机械

花生生长过程中一般需要施好苗肥、花针肥、结荚肥和饱果肥，各生长发育阶段对氮磷钾需肥量不同，有时还需要施用微肥，主要有硼和钼两种。目前，施用化肥采用土表施肥、施入根侧地表以下和根外施肥（叶面肥）的方式，一般采用离心圆盘式撒肥机、中耕施肥机和喷雾器，现有机型基本能满足作业要求。

## 1. 离心圆盘式撒肥机

（1）作业要求。施肥量应满足花生各生长期养分需求，将肥料均匀地撒施在土层表面，施肥量可调。

（2）总体结构和工作原理。离心圆盘式撒肥机一般由肥料箱、驱动器、排肥量调节控制杆、排肥筒、排肥量控制器等组成，结构如图 5-14 所示。工作时，肥料箱内的肥料在搅拌器的作用下流到转动的排肥筒，肥料在离心力的作用下以接近正弦波的形式均匀撒开，施肥宽度可调。

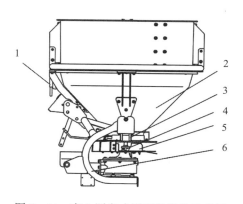

图 5-14　离心圆盘式撒肥机结构示意图

1. 排肥量调节控制杆　2. 肥料箱　3. 排肥量控制器　4. 驱动器

5. 排肥筒　6. 弯管架

（3）适用机具。佐佐木爱克赛路机械（南通）有限公司 CMC500 撒肥机、扬州丰得农牧机械制造有限公司 FD-400B 圆盘离心式撒肥机、江苏闪锐现代农业设备制造有限公司 2F-750 撒肥机、天津库恩农业机械有限公司 MDS 19.1 双圆盘撒肥机。

**2. 中耕施肥机**

（1）作业要求。施肥量应满足花生各生长期养分需求，施肥部位一般位于根系侧下方，尽量避免伤及根系，施肥深度 6～8 厘米；肥带宽度 3～5 厘米，排肥均匀连续，无漏施重施。

（2）总体结构和工作原理。中耕施肥机主要结构包括覆土铲、施肥开沟器、施肥开沟器支架、排肥器、肥箱、三点悬挂装置、机架、地轮等，结构如图 5-15 所示。工作时，中耕施肥机通过三点悬挂装置连接到拖拉机后方，拖拉机带动中耕施肥机前进，地轮通过与地面摩擦力转动带动排肥器，肥料通过肥管施在由之前施肥开沟器所开在的沟里，最后进行覆土，完成中耕施肥机的施肥工作。

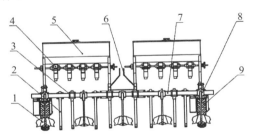

图 5-15　中耕施肥机结构示意图

1. 覆土铲　2. 施肥开沟器　3. 施肥开沟器支架一　4. 排肥器　5. 肥箱

6. 三点悬挂装置　7. 机架　8. 施肥开沟器支架二　9. 地轮

（3）适用机具。黑龙江德沃科技开发有限公司 3ZPS-6 型中耕施肥机、恒峰 3ZF-4 型中耕施肥机、禹城市禹鸣机械有限公司中耕施肥机。

**3. 喷雾器**　常用的喷雾器有背负式喷雾器、电动喷雾器、担架式（推车式）喷雾器、静电喷雾器等，将在本节后边的植保机械中进行详细介绍。

## 二、中耕除草机械

花生田杂草有 60 多种，杂草使花生严重减产。人工锄草费工费时，成本高；化学除草则会带来杂草抗药性、食品安全和生态环境污染的问题。机械化除草在摒弃化学除草的同时可以大幅度提高工作效率。

**1. 作业要求** 满足花生的垄作技术要求，保证耕深稳定，变异系数小，除草率高，伤苗率低，垄帮和垄沟松土性能好。

**2. 总体结构和工作原理** 中耕除草机主要包括地轮装配、机架、传动装置、梳齿、双翼铲和单翼铲等，结构如图 5-16 所示。作业时，与拖拉机配套，由地轮对整机仿形，并将动力传递给传动装置，再通过一对锥齿轮带动双圆盘除草部件转动完成苗间除草。另外，可调压缩弹簧对除草部件进行单行微仿形并保证梳齿入土，在顺梁上安装单翼铲进行垄帮除草和松土，双翼铲进行垄沟除草和松土。

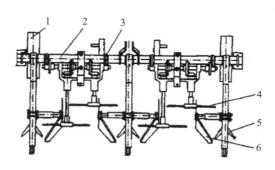

图 5-16 中耕除草机结构示意图

1. 地轮装配 2. 机架 3. 传动装置 4. 梳齿 5. 双翼铲 6. 单翼铲

**3. 适用机具** 美国十方国际公司 HINIKER 中耕除草机、

荷兰 STRUIK 中耕除草机、意大利 OLIVER 中耕除草机、禹城市乐源机械有限公司中耕除草机。

## 三、灌溉机械

花生全生育期耗水总量因栽培环境和栽培品种的不同而不同，一般可分为"燥苗、湿花、润荚"3 个阶段，即花生苗期要求干燥的土壤环境，开花期要求湿润的土壤环境，结荚期要求较为干爽的土壤环境。当土壤含水量低于所需值时，给予灌溉；反之，要及时排水去渍，以免出现烂根、烂针、烂果、荚果发芽等不良现象。目前，节水灌溉技术广泛推广，花生灌溉主要采用喷灌技术和滴灌技术，这里详细介绍喷灌机械和水肥一体化系统。

**1. 技术要求**

（1）喷灌技术。灌溉强度不超过土壤的渗透速率，使喷灌到地面的水能全部渗透到土壤中去。雾化程度一般情况下要求水滴直径为 1~3 毫米，同时还要注意喷灌均匀。

（2）滴灌技术。苗期以播种孔浸湿为宜，在水墒足的地块一般不滴水；开花结荚期应滴水保墒，以浸湿根际为佳；饱果成熟期对肥水需求量下降，一般滴水 1~2 次，每亩滴水 15 立方米左右。

**2. 总体结构和工作原理**

（1）喷灌机械。

①平移式喷灌机。平移式喷灌机主要包括喷管组合、行走机架、悬架、水泵组件、行走轮组件、汲水管组件、定向部件、控制盒等，结构如图 5-17 所示。工作时，水泵组件的汲水口与汲水管组件连通，并通过汲水管组件从地面的明渠中汲水，水泵组件的出水口通过耐压软管与喷管组合连通，实现喷洒灌溉，喷管组合的单侧臂展宽度可调；定向部件用于远距离观察方向，并通过控制盒调节喷灌机的行进方向和行进速度；喷灌机在作业过程中，实时检测明渠中的水量变化，并把水量变化作为控制因子参

与到整机智能控制系统对汲水量和机具行走速度的控制中。喷灌机可依靠智能控制系统实现无人值守作业。

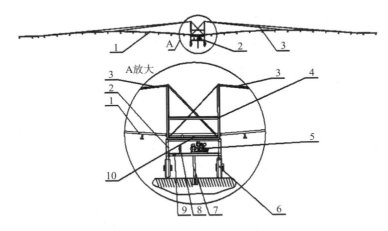

图 5-17　平移式喷灌机结构示意图
1. 喷管组合　2. 行走机架　3. 钢丝绳组件　4. 悬架　5. 水泵组件
6. 行走轮组件　7. 汲水管组件　8. 定向部件　9. 控制盒　10. 铰接轴

②卷盘式喷灌机。卷盘式喷灌机主要由卷盘、PE 管、喷头车和卷盘驱动装置等组成，结构如图 5-18 所示。工作时，将卷盘固定在某一位置，将喷头车向外拖曳至喷洒位置，灌溉水从卷盘处接入，流经 PE 管输送至喷头实现喷洒；同时，水流带动卷盘驱动装置，实现 PE 管的回卷和喷头车的回收。

（2）水肥一体化系统。水肥一体化系统由中心控制计算机、系统首部装置、田间管网系统组成，系统如图 5-19 所示。工作时，系统的土壤湿度传感器可以实时监测到土壤中的水分数据。当土壤中的水分低于标准值，系统就能自动打开灌溉系统，为农作物进行灌溉；当土壤中的水分达到了标准值，系统又可以自动关闭灌溉系统。通过土壤湿度传感器对于土壤湿度的实时监测，为灌溉提供数据的支撑，从而达到节水的目的。同理，系统通过

图 5 - 18 卷盘式喷灌机结构示意图

1. 卷盘 2.PE 管 3. 喷头车 4. 卷盘驱动装置

土壤氮磷钾传感器可以实时监测到土壤中的养分数据。当监测到土壤中的养分低于标准值，系统就能自动打开施肥系统；当土壤中的养分达到标准值，系统又可以自动关闭施肥系统。通过及时的数据作为参考，在保证土壤养分的前提下最大限度地节约化肥用量。

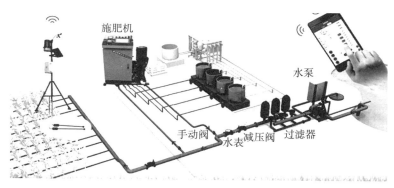

图 5 - 19 水肥一体化系统示意图

**3. 适用机具**

（1）平移式喷灌机。大连雨林灌溉设备有限公司 DDP-334

平移式喷灌机、山东智创重工科技有限公司平移式喷灌机、安徽艾瑞德农业装备股份有限公司平移式喷灌机、沃达尔（天津）股份有限公司平移式喷灌机。

（2）卷盘式喷灌机。安徽艾瑞德农业装备股份有限公司卷盘式喷灌机、大连雨林灌溉设备有限公司 P75-300 卷盘式喷灌机、江苏华源节水股份有限公司 JP 系列卷盘式喷灌机、江苏德源制泵有限公司 JP 系列卷盘式喷灌机、徐州泰丰泵业有限公司 JP 系列卷盘式喷灌机。

（3）水肥一体化系统。山东瑞纳节水灌溉设备有限公司水肥一体化系统、浙江托普云农科技股份有限公司水肥一体化系统、山东圣大节水科技有限公司水肥一体化系统、郓城源丰节水设备有限公司水肥一体化系统。

## 四、植保机械

花生在生长发育过程中，经常发生病虫害，影响最终的产量和质量。在花生生产上，主要病害有青枯病、锈病、叶斑病、根腐病等，主要虫害有蚜虫、斜纹夜蛾、蛴螬、地老虎等。花生病虫害防治应该坚持"预防为主，综合防治"的原则，适时适期防治。农作物病虫害的防治方法很多，如化学防治、生物防治、物理防治等，化学防治是农民使用最主要的防治方法。植保机械能将一定量的农药均匀喷洒在目标作物上，可以快速达到防治病虫害的目的。目前，常用的植保机械有背负式喷雾机、喷杆式喷雾机和植保无人机等。

### 1. 背负式喷雾机

（1）总体结构和工作原理。背负式喷雾机一般由汽油机、药箱、风机和喷洒部件等组成，喷雾性能好，适用性强，其结构如图 5-20 所示。工作时，汽油机带动风机叶轮旋转产生高速气流，在风机出口处形成一定压力，其中大部分高速气流经风机出口流入喷管，少量气流经风机一侧的出口流经药箱上的通孔进入进气管，使药箱内形成一定的压力，药液在压力的作用下经输液管调量阀进入喷嘴，从喷嘴周围流出的药液被喷管内的高速气流冲击形成雾粒喷洒出去，完成作业。

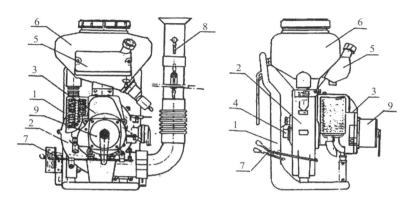

图 5-20　背负式喷雾机结构示意图

1. 机架　2. 风机　3. 汽油机　4. 水泵　5. 油箱　6. 药箱
7. 操纵部件　8. 喷洒部件　9. 起动器

（2）适用机具。山东永佳动力股份有限公司 3W-700J 背负式喷雾机、河南云飞科技发展有限公司 WFB-18AC 背负式喷雾机、台州信溢农业机械有限公司 TF 系列背负式动力喷雾机、山东卫士植保机械有限公司 3WJD-25A 电动喷雾机、南通黄海药械有限公司 3WF-25 背负式喷雾机。

**2. 喷杆式喷雾机**

（1）总体结构和工作原理。喷杆式喷雾机一般由行走马达、轮距可调系统、转向系统、药箱、喷杆升降系统、喷杆折叠系统、驾驶室等组成，作业效率高，喷洒质量好，广泛用于大田作物病虫害防治，其结构如图 5-21 所示。工作时，发动机驱动液压泵，液压泵驱动行走马达使喷雾机前行和后退；喷杆在调节机构作用下可以实现喷杆升降、折叠、展收等动作；发动机带动液压泵转动，药液从药箱中吸出并以一定的压力，经分配阀输送给搅拌装置和各路喷杆上的喷头，药液通过喷头形成雾状后喷洒。

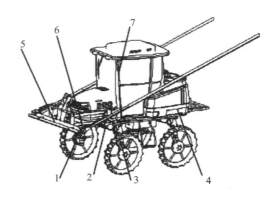

图 5 - 21　喷杆喷雾机结构示意图

1. 行走马达　2. 轮距可调系统　3. 转向系统　4. 药箱　5. 喷杆升降系统
6. 喷杆折叠系统　7. 驾驶室

（2）适用机具。山东永佳动力股份有限公司 3WSH-1000 自走式喷杆喷雾机、山东卫士植保机械有限公司 3WP-600 喷杆喷雾机、浙江勇力机械有限公司 3WPZ 系列自走式喷杆喷雾机、埃森农机常州有限公司 SWAN3WP-500 自走式喷杆喷雾机。

**3. 植保无人机**

（1）总体结构和工作原理。植保无人机一般由电池、电机、飞行桨、机架、控制系统、药箱、喷头等组成，其结构如图 5 - 22 所示。植保无人机具有作业效率高、单位面积施药量少、自动化程度高、劳动力成本低、安全性高、快速高效防治、防控效果好、适应性强等优点。工作时，操作人员将植保无人机飞行到指定作业区域上空或者自主飞行，打开无线遥控开关，液泵通电运转，将药箱中的药液通过软管输送到喷杆，最后由喷头喷出。通过无线遥控开关控制继电器的通断，能及时地控制液泵的工作状态，从而能实现对防治对象喷洒、对其他作物少喷或不喷，合理有效地提高了农药的利用率。

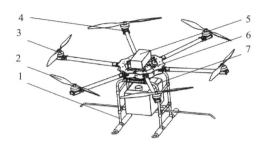

图 5 - 22　植保无人机结构示意图

1. 机架　2. 飞行桨　3. 电机　4. 喷头　5. 电池　6. 控制系统　7. 药箱

（2）适用机具。大疆农业 T16 型植保无人机、埃森农机常州有限公司无人植保六旋翼机、山东卫士植保机械有限公司 WSZ 系列植保无人机、浙江智天科技有限公司 3WD - 10 植保无人机、杭州启飞智能科技有限公司 A16 植保无人机、广州极飞科技有限公司 P 系列植保无人机。

**4. 植保机械发展趋势**

（1）机电一体化智能技术。植保机械安装控制和电子显示系统，控制显示植保机械行驶速度、喷杆倾斜度、压力、喷量、药箱药液量、喷洒面积等。通过人机交换界面，可以调整系统压力、电磁阀开度、单位面积喷洒量及控制多路喷杆的喷雾作业等。控制系统可以根据靶标作物和环境的不同控制施肥量。以 3S 卫星导航技术为基础，设计集自动驾驶、导航、精准变量施药于一体的智能植保机械管理系统，实现机械作业过程中自动行驶、重漏施药自动纠正功能；设计可灵活切换的喷杆自动和手动控制系统，同时集成智能自平衡和智能避障等功能。

（2）精准变量施药技术。精准变量施药技术主要包含低容量喷雾、对靶喷雾、静电喷雾、风幕喷雾等技术。根据作物物种、病虫草害的发生情况、农药品种等信息，决策系统确定生成单位面积施液量的大小，再确定合适的作业速度，按所需喷雾量大小选定适宜喷量的喷嘴。作业前，首先要将单位面积施液量设定值输入控制系统中，通过喷雾机作业速度和喷雾量的实时监测，自动调控喷雾压力，使实际喷雾量与预设的单位面积内的施液量相匹配。

①低容量喷雾技术是指单位面积施药量不变，减少农药原液的稀释倍数，从而减少喷雾量，用水量相当于常规喷雾技术的10%～20%。低容量喷雾喷片孔径为0.6～0.7毫米，在压力恒定时，雾滴变细，覆盖面积增加，穿透性增强，雾滴在作物各个部位，包括叶片背面均匀分布，实现减量不减质的效果。

②基于实时传感器技术，采用图像识别技术和叶色素光学传感器，通过对叶色素的测试，或者通过传感探测技术以及超声波、红外线等检测，当检测到有杂草存在的时候，控制喷头对准目标喷雾，实现农药的对靶喷施。

③用高压静电在喷头与靶标间建立一个静电场，使雾滴形成荷电群，主动吸附到靶标各个部位，以达到提高沉积效率、减少飘移的目的。

④在传统的喷杆式喷雾机的喷杆上增加一个风筒，工作时，在施药方向吹强风形成风幕，风幕气流裹挟雾滴向靶标运动，从而形成对侧风的抑止作用，减弱了雾滴在到达靶标前的飘移。同时，风幕气流吹动作物，对作物叶片和冠层具有翻滚作用，能够改善雾滴在作物冠层中的穿透效果。

（3）在线混药、在线检测技术。在线混药是一种药液分离的混合技术，通过喷雾机管道的水流完成在线混药，采用计算机精确控制农药的使用剂量，避免了操作者与药物的直接接触以及剩余药液排放对环境的污染，减少了清洗机具所消耗的水资源。在线混药浓度检测是在线混药装置关键的技术指标之一，该项技术实现管道在线混药，以降低劳动强度，增强施药的安全保障，提高施药的精确性。

（4）雾滴回收技术。借助药液回收装置与自然风的作用力，喷雾时雾流横向穿过作物叶丛，未被叶丛附着的雾滴进入回收装置，药液经正确处理之后能够再次进行喷洒。这既可提高农药的有效利用，又减少了农药的飘移污染。

# 第五节　收获机械

花生收获作业量占整个花生生产过程中的 1/3 以上，作业成本占整个生产成本的 50% 左右，是花生机械化的发展重点和难点。花生收获经历了人工收获、半机械化收获、机械化收获 3 个阶段。我国从 20 世纪 80 年代开始在引进的基础上发展花生收获机械，实现了各种类型机械从无到有的进步。但由于我国花生种植收获技术研究起步较晚、投入少、制约因素多、农机农艺不融合，造成我国花生机械化收获水平仍然较低。统计资料表明，2018 年我国花生机收水平为 44.76%。目前机械化收获方式主要有分段式收获、两段式收获和联合收获 3 种。

## 一、分段式收获

分段式收获可根据装备条件与农艺模式，分别选择花生挖掘收获机和花生摘果机等完成花生收获的起挖、去土、捡拾和摘果等作业工序。分段式收获具有操作灵活、适应性强的优点，可以根据实际条件自由组合。但不足之处是，多种机械轮流进地不仅会延长整个收获过程，而且还会导致收获效率降低、损失率增大等问题，是一种较低水平的机械化收获方式。

**1. 花生挖掘收获机**　花生挖掘收获机是我国现阶段使用最为广泛的机型，按结构形式不同，可以分为挖掘铲与振动筛组合而成的铲筛式花生收获机、挖掘铲与升运链组合而成的铲链式花生收获机和挖掘铲与夹持输送链组合而成的铲拔条铺式花生收获机。

（1）铲筛式花生收获机。

①单筛体铲筛式花生收获机。单筛体铲筛式花生收获机主要

由机架、变速箱、挖掘铲、分离筛、限深轮、平面连杆机构等组成，其结构如图 5 - 23 所示。工作时，收获机通过三点悬挂装置悬挂在拖拉机后方，由拖拉机输出轴通过万向联轴器为收获机提供动力；挖掘铲一起铲起花生秧果与泥土；在拖拉机前进过程中，花生秧果和泥土被推送到分离筛上，在分离筛上被向后输送的同时，随着分离筛的振动泥土被不断清除，清选后的花生秧果经过分离筛末端铺放到地面上。

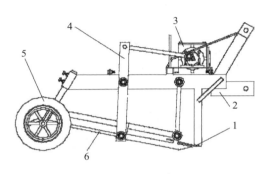

图 5 - 23　单筛体铲筛式花生收获机结构示意图
1. 挖掘铲　2. 机架　3. 变速箱　4. 平面连杆机构　5. 限深轮　6. 分离筛

②双筛体铲筛式花生收获机。双筛体铲筛式花生收获机主要由挖掘铲、牵引架、变速箱、机架、传动装置、驱振装置和限深轮组成，其结构如图 5 - 24 所示。工作时，收获机牵引架与拖拉机悬挂机构联结，提供前进动力；动力输出轴与变速箱联结，提供分离输送动力，引发驱动振动筛的往复抖动；挖掘铲进入土层挖掘花生，挖起的花生（含秧蔓）、土壤混合物向后运动至前筛，进行清土并继续向后筛输送，混合物通过后筛进一步清土，最后花生（含秧蔓）由后筛副筛向右侧排出并铺放在田间。

③适用机具。泗水县博阳机械厂 BY-56 铲筛式花生收获机、曲阜市宏博机械设备有限公司 HB-80 铲筛式花生收获机、曲阜市鲁宏机械设备有限公司铲筛式花生收获机。

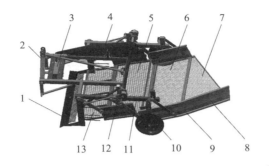

图 5 - 24　双筛体铲筛式花生收获机结构示意图
1. 挖掘铲　2. 牵引架　3. 变速箱　4. 传动装置　5. 前筛主筛
6. 后筛主筛　7. 后筛副筛　8. 侧板　9. 筛框　10. 限深轮
11. 机架　12. 驱振装置　13. 前筛副筛

（2）铲链式花生收获机。

①总体结构和工作原理。铲链式花生收获机主要包括悬挂架、机架、挖掘铲、升运链装置、击振清土装置、拢禾栅、地轮和动力传动装置等，具体结构如图 5 - 25 所示。工作时，收获机采用三点悬挂的方式配挂在中型拖拉机上，挖掘铲以一定的角度铲入花生根底部将花生和土一起铲起，升运链将铲起的花生和泥土向后上方输送，击振轮在升运链的垂直方向以一定的振幅做往复振动，将泥土抖落。去除泥土的花生升运至升运链的最高端后，抛向尾部的拢禾栅，将花生拢聚成条铺放在收获机后方，完成作业。

②适用机具。河南省躬耕农业机械制造有限公司 4H-1700 型花生收获机、徐州龙华农业机械科技发展有限公司 4H-1500 型花生收获机、河北永发鸿田农机制造有限公司 4HS-2 花生收获机、禹城市佳汇机械有限公司 4H-2-800 花生收获机、山东唯信农业科技有限公司花生收获机、汝南县正发机械有限公司 4H 系列收获机。

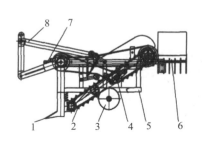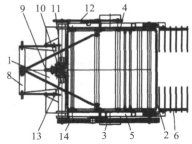

图 5 - 25 铲链式花生收获机结构示意图

1. 挖掘铲 2. 升运链装置 3. 地轮 4. 击振清土装置 5. 机架 6. 拢禾栅
7. 动力传动装置 8. 悬挂架 9. 动力输入轴 10. 齿轮箱 11. 击振动力输出轴
12. 击振带传动机构 13. 升运链动力输出轴 14. 升运带传动机构

（3）铲拔条铺式花生收获机。

①总体结构和工作原理。铲拔条铺式花生收获机主要由挖掘铲、夹持链轮、机架、传动齿轮、变速箱、有序条铺杆、悬挂架等组成，具体结构如图 5 - 26 所示。工作时，机具在拖拉机的牵引下前行，拖拉机的动力通过动力输出轴传输到变速箱上，进行变速、动力换向，然后经皮带传输到皮带轮，皮带轮与其中一个传动齿轮相连，传动齿轮通过与其相啮合的另一个传动齿轮将动力输送至齿形夹持链；挖掘铲在下地作业之前进行安装调节，使其能够以一定的入土角度和入土深度入土；挖掘铲将花生从土壤中挖掘出的同时，植株被齿形链夹持进入夹持输送装置，由齿形链夹持花生植株输送到收获机尾部；在夹持输送过程中，花生受到拍土杆的阻挡拍打作用，将黏附在花生荚果上的大部分泥土清除掉；花生秧果被输送到机器尾部后，在有序条铺导向装置的作用下以同一方向按条状有序铺放于田间。

②适用机具。潍坊中迪机械科技有限公司铲拔条铺式花生收获机、辽宁省锦州市黑山县新立屯镇建国农机厂 2H-1 花生收获机、黑山县春生农机装备制造有限公司 3H 型花生收获机、青岛

璞盛机械有限公司铲拔条铺式花生收获机、禹城博丰机械设备有限公司 SK-80 花生收获机。

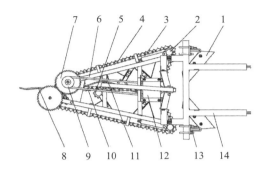

图 5-26　铲拔条铺式花生收获机结构示意图

1. 挖掘铲　2. 夹持链轮　3. 夹持链　4. 夹持链张紧杆　5. 张紧链轮　6. 机架
7. 传动齿轮　8. 有序条铺杆　9. 皮带轮　10. 皮带　11. 正弦线去土杆
12. 变速箱　13. 限深装置　14. 悬挂架

**2. 花生摘果机**　花生摘果机按照喂入形式，可分为半喂入式和全喂入式两种，其应用场景不同。半喂入式摘果机主要用于鲜湿花生摘果作业，在我国南方高温多雨地方应用；全喂入式花生摘果机主要用于晾晒后的干花生摘果作业，在我国豫、鲁、冀、辽、吉、黑等北方主产区应用普遍。

（1）半喂入式花生摘果机。

①总体结构和工作原理。半喂入式花生摘果机由机架、夹持输送装置、摘果滚筒和主动链轮等组成，结构如图 5-27 所示。工作时，人工将花生果秧整齐放在喂入口处，花生秧蔓通过导入杆进入夹持输送链及输送导轨间，被夹持水平向前输送。在折弯杆的作用下，果秧夹持部位以下的果实段被折弯，使果秧结果段竖直进入摘果滚筒，在相对转动的倾斜配置的两叶片式摘果辊依次自上而下打击、梳刷的作用下将荚果从果秧上摘下，实现果秧分离。摘下的荚果通过集料斗落入地面放置的接料盘中，摘果后

的花生秧蔓在夹持输送装置的作用下继续向后输送，由机具尾部经导出杆导出机体。

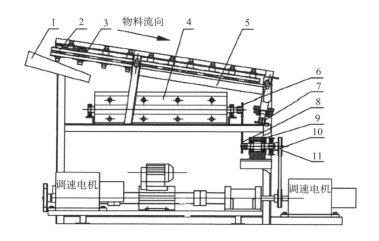

图 5 - 27　半喂入式花生摘果机结构示意图

1. 入料口　2. 夹持输送装置　3. 夹持带轮　4. 摘果滚筒　5. 机架

6. 从动链轮Ⅰ　7. 从动链轮Ⅱ　8. 主动链轮　9. 双轴承座

10. 齿轮　11. 从动带轮

②适用机具。新乡豫东长新机械厂半喂入式花生摘果机、获嘉县富泰机械有限公司半喂入式花生摘果机、豫长春花生收获机厂半喂入式花生摘果机。

（2）全喂入式花生摘果机。

①总体结构和工作原理。全喂入式花生摘果机主要由电机、喂料口、皮带轮、振动筛、振动摆臂、排杂口、集料口、风机、链轮组合等组成，其结构如图 5 - 28 所示。工作时，将晾晒到一定含水率的花生植株喂入摘果机构后，摘果滚筒上的螺旋纹杆及弓齿拉着花生秧蔓（或根系）做圆周运动；在螺旋纹杆的旋转作用下，花生植株逐渐加速旋转；弓齿在随着螺旋纹杆转动的过程中，不断对花生植株进行梳刷，从而达到梳刷摘果的目的；花生

荚果在重力作用下落在凹板筛下的振动筛上，顺着振动筛的斜度移动至风机吸风口处，散碎的花生蔓被风机吸走并从排风口排出；花生荚果继续顺着振动筛的斜度移动，直至由集料口排出。

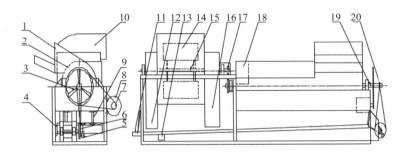

图 5-28　全喂入式花生摘果机结构示意图

1. 喂料口　2. 摘果滚筒罩　3. 皮带轮　4. 振动筛　5. 偏心轮　6. 偏心轮皮带轮
7. 电机皮带轮　8. 电机　9. 振动摆臂　10. 排杂口　11. 集料口　12. 风机吸口
13. 排杂口　14. 风机　15. 滚筒轴　16. 风机吸口　17. 链轮组合
18. 花生蔓出口　19. 滚筒轴　20. 皮带轮

②适用机具。河南瑞锋机械有限公司 4HZF 系列全喂入式花生摘果机、淮北市华丰机械设备有限公司 500 型全喂入式花生摘果机、玉田县华联机械有限公司 4HZ 系列全喂入式花生摘果机、徐州龙华农业机械科技发展有限公司 5HZ-1000 全喂入式花生摘果机。

## 二、两段式收获

两段式收获将整个收获流程分为两部分：首先利用花生起收机完成花生植株的起挖、去土和铺放，待晾晒充分后，再使用捡拾收获机对植株进行捡拾、摘果及清选。两段式收获不仅有效解决了新鲜荚果含水率高、收获困难的问题，还很大程度上提高了收获效率，是目前美国、巴西和阿根廷等国家广泛采用的花生收获模式。

花生捡拾联合收获机按照动力方式，可分为自走式、背负

式、牵引式 3 种，其发展趋势和发展速度较好，有望成为我国花
生收获的主打产品之一。近年来，相关科研院所和企业相继研发
出了多款捡拾联合收获机，部分机具已在主产区进行示范应用。
这里对集成程度和作业效率较高的自走式花生捡拾联合收获机进
行介绍。

**1. 总体结构和工作原理**　自走式花生捡拾联合收获机主要
由行走系统、捡拾收获台、刮板输送槽、摘果滚筒和风筛选机构
等组成，其结构如图 5-29 所示。工作时，行走系统前进，捡拾
收获台将铺在田间的花生果秧捡起，花生果秧通过中间的交接口
向后输送至摘果滚筒；花生果秧在摘果弹齿的击打、梳拉、甩拽
等主动力作用和静止凹板筛的阻挡、刮带等约束作用下，以及花
生植株间的相互挤搓与挂拉等作用下，花生荚果脱离秧蔓，荚果
穿过凹板筛，落至清选部件，秧蔓排出机外；经过清选后的花生
果荚进入气力输送装置，花生通过气力输送装置进入集料仓，集
料仓内荚果装满后，由液压系统控制升降油缸完成集料仓翻转卸
料，完成花生捡拾联合收获作业。

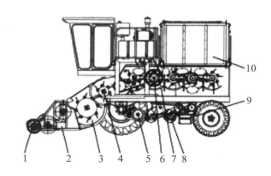

图 5-29　自走式花生捡拾联合收获机结构示意图
1. 限深机构　2. 捡拾收获台　3. 刮板输送槽　4. 行走系统
5. 风筛选机构　6. 主机架　7. 传动系统　8. 摘果滚筒
9. 气力输送装置　10. 集料仓

**2. 适用机具**　河南沃德机械制造有限公司 4HJL-3A 自走式花生捡拾收获机、郑州中联收获机械有限公司 4HZJ-2500A 自走式花生捡拾收获机、河南德昌机械制造有限公司 4HJL-2.5C 自走式花生捡拾收获机、山东巨明集团花生捡拾收获机、山东金大丰机械有限公司 4HZJ-2500 自走式花生捡拾收获机。

## 三、联合收获

联合收获是指用花生联合收获机一次性完成机械收获流程所有工序的收获模式。联合收获主要进行新鲜花生的收获，省去了中间晾晒的环节。联合收获是集成度最高的收获方式，适合于直立型花生品种的收获，工作效率高，收获质量好，发展前景良好。

花生联合收获机按照摘果方式，可分为半喂入式花生联合收获机和全喂入式花生联合收获机 2 种。目前，全喂入式花生联合收获机仍处于科研样机试制试验阶段，存在破损率大、损失率高等问题，关键技术有待突破；半喂入式花生联合收获机技术相对已经比较成熟，在鲁、豫、冀等主产区得到广泛应用，这里详细介绍半喂入式花生联合收获机。

**1. 总体结构和工作原理**　半喂入式花生联合收获机主要由分禾器、扶禾器、挖掘铲、清土器、橡胶履带底盘、刮板输送带、清选筛、风机、主机架、垂直提升机、集果箱、限深装置等组成，作业组件和底盘总体为侧向配置，其结构如图 5 - 30 所示。工作时，收获机前进，分禾、扶禾装置将作业幅宽内的花生植株与两侧分开并扶起，同时挖掘铲将花生主根铲断并松土，随后植株进入输送链，被拔起并夹持向上（后）输送，在夹持输送前段底部设有清土装置，以去除植株根部的沙土；将植株输送到摘果段时，夹持输送链下部安装的对辊摘果装置将果荚从植株上刷落摘下，花生随后落入刮板输送带升运至振动清选筛上，在振动筛和下吹风机的双重作用下，将茎叶和沙土等杂物分离并排出机外；分选出的花生果通过横向输送带被送入垂直提升机，送至集果箱，随后进行装袋作业；脱荚后的花生藤蔓继续被夹持向后输送，而后被转接到藤蔓抛送链，抛送链将藤蔓向后抛下落至藤蔓输送带而被排出机后。

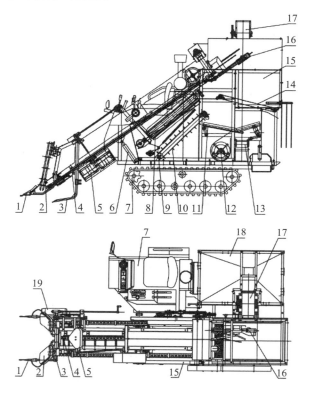

图 5-30　半喂入式花生联合收获机结构示意图

1. 分禾器　2. 扶禾器　3. 挖掘铲　4. 拔禾输送链　5. 清土器　6. 液压升降缸
7. 橡胶履带底盘　8. 摘果辊　9. 弹性挡帘　10. 刮板输送带　11. 清选筛
12. 风机　13. 横向输送带　14. 藤蔓输送带　15. 主机架　16. 藤蔓抛送链
17. 垂直提升机　18. 集果箱　19. 限深装置

**2. 适用机具**　江苏宇成动力集团有限公司 4HLB-2 型半喂入花生联合收获机、山东巨明机械有限公司 4HBL 花生联合收获机、临沭县东泰机械有限公司 4HBL 型半喂入花生联合收获机、山东白龙实业集团有限公司 4HB-2 花生联合收获机、青岛弘盛集团 4HB 型花生联合收获机、漳浦长禾农业机械有限公司 CH-4HL 履带式花生联合收获机。

## 四、国内外花生机械化收获发展趋势

一些科技水平领先的国家已将高精尖技术应用到农业机械装备上，自走式花生收获机已采用全球定位系统导航技术、图像识别技术等实现收获时的自动对行限深，花生收获机械装备正逐步朝着适应性强、可靠性高、生产成本低、智能人性化的方向发展。

目前，我国花生收获机械的研发在自主创新方面还较少，大部分是消化吸收国外的先进成熟技术，同时结合我国花生种植收获的实际情况，研发出适合我国国情的花生收获机械，在联合收获机械方面更多是从国外吸收引进。

随着花生育种技术、种植农艺水平的提高，全球花生的种植规模和产量逐步扩大。各国花生收获机械正依照本国的种植特点，普遍采用计算机、电子、液压等新技术，向着大型化、机电一体化、自动化、智能化、更可靠、更安全的方向发展，从而实现高效、快速、宽幅、大功率自走式联合收获。

## 第六节 花生干燥机械

花生干燥是将花生内部自由水和部分结合水去除的过程，是保证储藏过程中花生品质和防止霉变的技术手段，主要有自然干燥和机械化干燥两种办法。长期以来，我国花生干燥主要依靠晒场自然干燥为主，但因自然干燥周期长，干燥质量不可控，对天气状况依赖较大，存在污染风险，且随着花生机械化集中收获不断推进，花生收获集中，自然干燥已逐渐不能满足花生产业的发展。

花生机械化干燥是指花生在大型容器中通入加热或不加热的干燥介质，通过调节花生堆层厚度、干燥介质温度和通风量来控制干燥过程和花生干燥品质。目前，由于花生作物特性如外形、颗粒与结构等因素的影响，我国花生干燥一般采用通用型干燥机进行花生干燥，花生机械化干燥机仍处于研发阶段，尚无国产化的生产专用干燥机。目前花生干燥主要有箱式干燥机、回转圆筒式干燥机、就仓式干燥机、网带式干燥机和连续立式干燥机。

## 一、花生干燥技术

**1. 热风干燥技术** 热风干燥技术是依据传质传热原理，利用热源（煤、天然气、柴油、电、生物质等）提供热量，通过风机将热风吹入烘箱或干燥机内，并将热量从干燥介质传递给物料，物料表面的水分受热汽化成水蒸气，扩散至周围空气中；当物料表面的水分含量低于其内部水分含量，并形成水分含量梯度时，内部水分便向表面扩散，直到物料中的水分下降到一定程度，则干燥停止。

**2. 热泵干燥技术** 热泵干燥技术是一种高效节能、环境友好、切实可行、干燥品质好、干燥参数易于控制且可调范围宽以及应用广泛的干燥方法，其通过冷凝除湿装置在干燥设备中的引入，实现热空气和能量在物料干燥过程中的回收，大大提高了能量的利用率。

**3. 微波干燥技术** 微波干燥技术不同于传统干燥技术，是利用微波对极性分子的作用，使极性分子相互运动产生大量热量致其蒸发的原理，通过调节微波干燥时的功率即可调节干燥的速度。与传统干燥方式相比，具有干燥速率大、节能、生产效率高、清洁生产、易实现自动化控制和提高产品质量等优点。

**4. 缓苏干燥技术** 干燥过程中，花生表层水分逐渐蒸发，由于内部水分扩散速度很慢，花生内部含水量变化也很小，导致花生内外形成水分梯度。当花生表层含水量接近平衡含水量时，即使继续干燥，表层水分也不再蒸发，只能干燥内部较难干燥的水分，干燥速率明显降低。此时花生中心与表层具有最大的水分梯度。为提高花生内部水分扩散速率，通常采用缓苏干燥技术。由于花生内外存在较大的水分梯度，水分会在梯度作用下继续扩散，直到颗粒内部水分重新达到平衡状态。由于热风干燥过程中，花生中的水分去除是由外及内的，因此缓苏后的花生干燥速率和干燥质量都会提高。

## 二、干燥机主要类型

### 1. 箱式干燥机

（1）传统箱式干燥机。传统箱式干燥机主要由热风炉、热风机等组成，其结构如图5-31所示，其中烘干室的主要结构为具有隔热保温作用的箱体。工作时，热风炉通过化学物质或生物物质的燃烧提供热能，风机将热能通过空气传导的形式进入烘干室内与湿物料进行接触，风自下而上吹入，在箱体内的湿物料下层首先接触到加热而来的空气，上层物料最后接触风机吹来的热风。由于受到下层花生的阻碍以及热传递削弱的影响，上层物料与下层物料的含水量容易出现较大差异。有时会出现下层物料过分干燥、而上层物料干燥不到位的现象。传统箱式干燥机由于结构设计不合理，使得风机吹出的热能得不到合理均匀分配，物料烘干不均匀，且设备简陋没有相应的控制模块，无法掌握烘干室内的实时情况，难以掌握烘干所需要的时间。

（2）翻板式箱式干燥机。翻板式箱式干燥机相较于传统箱式干燥机，在干燥室内加装了可以装卸物料的翻板。当干燥机工作时，下层物料得到充分干燥，当下层物料的含水率满足干燥要求时就会打开翻板使下层物料卸出，上层物料进入继续干燥，实现

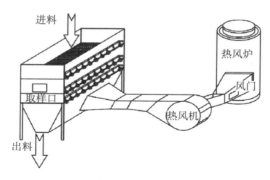

图 5 - 31　传统箱式干燥机结构示意图

了物料间的一种循环,提高了干燥的效率。但是,此类干燥机也存在干燥不均匀、操作较复杂烦琐、适用性不广的缺点。

(3)箱式换向通风干燥机。箱式换向通风干燥机主要由热风机、换向通风结构、壁板、隔板、导风板组等组成,其结构如图 5 - 32 所示。工作时,干燥前期不安装干燥箱箱盖,左右两个通风室同时进行通风干燥,使花生表层易蒸发的水分快速蒸发;当干燥一段时间后,花生表层较干且穿过物料的热空气相对湿度较低时,安装好箱盖,左右两个通风室进行单口交替通风,使气流穿过一侧物料层后,并在上方的气流混合室充分

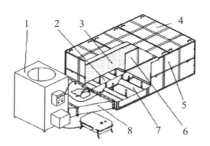

图 5 - 32　箱式换向通风干燥机结构示意图

1. 热风机　2. 底板　3. 网板　4. 盖板　5. 壁板　6. 隔板
7. 导风板组　8. 换向通风结构

混合后，再通入另一侧料层后排出，整个床层实现换向通风干燥，较大程度上减小料层厚度方向的水分梯度，缩短干燥时间。

**2. 就仓式干燥机**　就仓式干燥机是由仓体、进出口风网管道、热源装置以及进出料装置等构成，干燥完成后直接进入储藏环节，节省了劳动成本。虽然此类干燥机投资较少，但是其物料层较厚，热风难以穿透而导致干燥不均匀、干燥效率不高，难以保障花生的干燥品质。

**3. 网带式干燥机**　网带式干燥机由加料装置、加热装置、循环风机、尾气风机、网带、传动装置等组成，可分为加料区、下加热区、上加热区、缓苏区、冷却区和卸料区，其结构如图 5-33 所示。工作时，花生从加料装置均布在输送带上，依次穿过下加热区、上加热区、缓苏区、冷却区，使花生含水量和温度降至合适的水平。

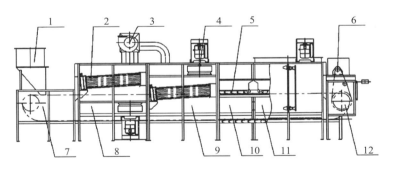

图 5-33　网带式干燥机结构示意图

1. 加料装置　2. 加热装置　3. 尾气风机　4. 循环风机　5. 网带　6. 传动装置
7. 加料区　8. 下加热区　9. 上加热区　10. 缓苏区　11. 冷却区　12. 卸料区

**4. 回转圆筒式干燥机**　回转圆筒式干燥机主要由入料装置、主筒体、传动装置、出料装置等组成，其结构如图 5-34 所示。工作时，将需要干燥的湿物料由皮带机或斗式提升机送到料斗，然后经料斗的加料机构通过加料管进入进料端；物料从圆筒的高端进入，热载体由低端进入，使物料与热载体形成逆流接触；当圆筒转动时，物料由于重力的作用向下运动，在向下运动的过程中含水率较高的湿物料接触热载体，受给热的影响，使物料得以干燥，然后在出料口经皮带机或螺旋输送机运出；在干燥室内装有抄板，当物料下降时，抄板可以将下降的物料抄起又洒下，使物料充分分散，增大与热载体的接触面积，提高干燥的效率。

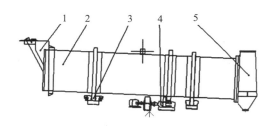

图 5 - 34　回转圆筒式干燥机结构示意图

1. 入料装置　2. 主筒体　3. 托轮及挡轮装置　4. 传动装置　5. 出料装置

**5. 连续立式干燥机**　连续立式干燥机主要由热风炉、鼓风机、自动调温风门、送料布料机构、限位机构、卸料机构等组成，同时设计了连续立式花生干燥器的电气控制系统，局部实现了花生干燥器的智能化控制。

## 三、适用机具

上海三久机械有限公司 SKS 系列通风干燥机、常州市统一干燥设备有限公司翻板式带式干燥机、常州市苏力干燥设备有限公司网带式干燥机。

## 四、花生干燥机发展趋势

**1. 设备自动化程度提高**　目前，花生干燥机主要由干燥室、热风机、干燥炉等组成。缺少相应的控制模块，自动化程度较低，难以实现复杂工况下的干燥控制。干燥过程中的含水率还须人为进行测定，浪费干燥时间且降低干燥效率。因此，提高干燥机的自动化控制程度是未来需要广大企业和科研院所努力的方向之一。

**2. 研发环保经济的热源装置**　热源是一台花生干燥机的重要组成部分，花生干燥效率和品质等均与干燥的热源有关。目前，我国大多数干燥机都采取燃烧炉加热的方式，此种方式投资较低，但对环境破坏较大且燃烧产生的烟尘对花生的品质有一定的影响。若采取电加热的方式，如热泵方式，对环境造成的影响程度较低，且在干燥过程中自动化程度较高，可以添加控制系统保证花生的品质。但此种方法投资较大，不适合中小规模的花生生产。因此，发展环保经济的热源装置已经成为研发花生干燥机的重点方向。

# 第七节　花生脱壳机械

花生脱壳是将花生荚果去除果壳的过程，是花生产后加工的重要环节，也是影响花生仁果及其制品品质和商品性的关键。用作销售的花生，一般在销售前几天进行脱壳；用作种用的花生，则在播种前 10 天内脱壳。目前，花生脱壳的方式有人工脱壳和机械脱壳两种。

我国花生机械化脱壳技术研究起步较晚，起步于 20 世纪 60 年代，以用于种用和销售的花生为主，且多为小型简易花生脱壳机，主要以磨盘式和打击揉搓式两种形式为主，其中以打击揉搓式应用最为广泛。近年来，随着花生规模化种植面积增大、龙头企业的带动，对高效、大型、高质量的花生脱壳机，尤其是种用脱壳机的需求迫切。

## 一、打击揉搓式脱壳机

打击揉搓式花生脱壳机主要由进料斗、凹板筛、倾斜振动筛、风机、机架等组成，其结构如图 5 - 35 所示。作业时，花生荚果由进料斗进入脱壳室，在高速旋转打杆的反复打击、碰撞以及打杆与凹板筛共同产生的摩擦、揉搓作用下，果壳不断破碎，花生果仁、果壳在打杆旋转风压及打击下穿过凹板筛，果壳下落时受到风机吹力作用，被吹出机体外，而果仁及重的杂质则落到振动筛上完成初步清选后由出仁口排出。

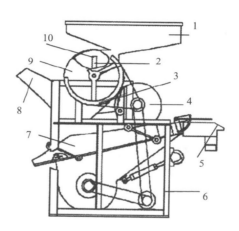

图 5 - 35　打击揉搓式脱壳机结构示意图

1. 进料斗　2. 旋转支架　3. 凹板筛　4. 风机　5. 出仁口　6. 机架
7. 倾斜振动筛　8. 出壳口　9. 脱壳室　10. 打杆

## 二、磨盘式脱壳机

磨盘式脱壳机主要由电机、进料口、转动磨盘、振动筛、出料斗、挡板、摆动连杆和机架等组成，其结构如图 5 - 36 所示。工作时，花生荚果经过倒圆台形入料口进入磨盘式脱壳机构，由于花生荚果受到重力作用，加之转动磨盘给花生荚果的离心力，花生荚果由磨盘中心逐渐向磨盘外侧运动，完成脱壳后的花生碎壳与花生米粒在离心运动的作用下被甩出磨盘式脱壳机，经挡板进入分选装置；混合物在自由落体的同时，会受到风机产生水平方向的气流作用，由于花生米粒和花生碎壳的密度不同，花生碎壳在风力作用下获得较大的水平速度，而后经碎壳出口排出；花生米粒获得的水平速度较小，继续做自由落体，落到振动筛上；振动筛随着转动连杆的转动做摆动运动，可以使花生米粒从出料斗排出，完成脱壳作业。

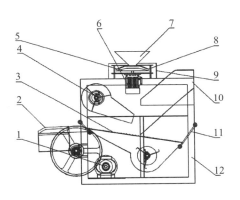

图 5-36　磨盘式脱壳机结构示意图

1. 电机 1　2. 出料斗　3. 振动筛　4. 风机　5. 转动磨盘　6. 电机 2　7. 进料口
8. 固定磨盘　9. 挡板　10. 碎壳出口　11. 摆动连杆　12. 机架

## 三、刮板式脱壳机

　　刮板式脱壳机的工作部件是由刮板组成的脱壳转轴部件，结构示意图如图 5-37 所示。工作时，花生荚果经进料斗进入脱壳机构后，在高速旋转的转轴刮板机构与凹板筛之间运动，经过不断循环的撞击摩擦最终完成破壳；而后花生壳和花生的混合物通过凹板筛，花生壳在下落时受到水平方向的风力作用，经花生壳排出口排出，完成脱壳的花生则会从花生仁排出口排出。

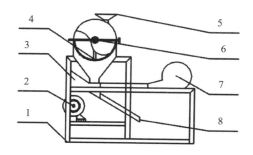

图 5 - 37　刮板式脱壳机结构示意图

1. 机架　2. 电动机　3. 花生壳排出口　4. 凹板筛　5. 转轴部件

6. 进料斗　7. 风机　8. 花生仁排出口

# 四、气爆式脱壳机

气爆式花生脱壳机主要由空气压缩机、高压胶管、试验容器、压力表、活门、开口布袋和机架组成，其结构如图 5 - 38 所示。气爆式脱壳机属于真空法脱壳，其理论基础为花生壳本身具有通透性的特征。工作时，先将花生荚果放置在密封容器内，然后对花生荚果进行充气以此来完成加压，使花生荚果内外压力在一段时间内达到标准值，保持容器内的压强，一段时间后，突然打开容器使花生荚果与大气接触，使花生荚果在内外压差的作用下被破坏。

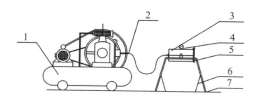

图 5 - 38　气爆式脱壳机结构示意图

1. 空气压缩机　2. 高压胶管　3. 试验容器　4. 压力表　5. 活门

6. 开口布袋　7. 机架

## 五、适用机具

安丘晨虹机械有限公司花生剥壳机、烟台令元花生机械有限公司 LY-B 型花生剥壳机、山东伟义机械有限公司 6HB 型花生剥壳机、山东省安丘市万达食品机械有限公司花生脱壳机、郑州市顺丰机械制造有限公司花生脱壳机。

# 第六章
# 鲜食花生病虫草害防治技术

## 第一节　主要病害

花生病害主要包括真菌性病害、细菌性病害、线虫病害和病毒病等。其中，真菌性病害主要有茎腐病、根腐病、果腐病、叶斑病、锈病、白绢病、冠腐病等；细菌性病害主要是青枯病；花生病毒病主要包括花生黄花叶病毒病、花生条纹病毒病和花生矮化病毒病。

### 一、花生叶斑病

花生叶斑病包括褐斑病和黑斑病两种。褐斑病又称早斑病，黑斑病又称黑疸病。这两种病遍及我国主要花生产区。多混合发生于同一植株的同一叶片上。轮作地发病轻，连作地发病重。重茬年限越长，发病越重，往往不到收获季节，叶片就提前脱落，这种早衰现象常被误认为是花生成熟的象征。花生受害后一般减产10%～20%，甚至30%以上。

#### （一）症状

花生叶斑病多发生在生长中后期。主要危害叶片、叶柄、托叶，茎上也受其害。

**1. 褐斑病**　多发生在叶的正面，病斑为黄褐色或暗褐色，圆形或不规则形，直径4～10毫米。病斑的周围有一清晰的黄色晕圈，似青蛙眼，叶背颜色变浅，无黄色晕圈。有时在病斑上产生灰白色的霉状物。在茎、叶柄和果针上形成椭圆形病斑，暗褐色，稍凹陷。

**2. 黑斑病**　发生比褐斑病晚，病斑小而圆，暗褐色或黑褐色，直径1～6毫米。病斑边缘较褐斑病整齐，无黄色晕圈或不明显。叶背着生许多黑色颗粒点，排列呈同心轮纹，其上着生成丛的孢子梗和分生孢子。

### （二）防治方法

**1. 农业防治**

（1）清除病残体。收花生时，尽可能将病残体或落叶收集起来，作牲畜粗饲料。播种前及时处理堆放的花生秧垛，以消灭病害初侵染源。

（2）轮作换茬。花生叶斑病的寄主单一，只侵染花生。因此，与甘薯、小麦作物隔年轮作或与水稻进行水旱轮作，都有很好的预防效果。

**2. 化学防治**　在花生生育期内，自始花期根据病情每10～15天喷1次药，连续喷2～4次，每次亩喷药液50～75升，能达到预防和控制病害发展的效果。常用药剂有：50%多菌灵可湿性粉剂1 500倍液，或75%硫菌灵可湿性粉剂1 500～2 000倍液，或80%代森锰锌400倍液，或75%百菌清可湿性粉剂600～800倍液。生育后期不要喷施多菌灵，以防诱发锈病。还可应用抗枯宁500倍液，每15天叶面喷施1次，每次用药液75升共4次。并在第一次叶面喷药时用100升药液灌墩，防治效果最好。

## 二、花生网斑病

花生网斑病又称褐纹病、云纹斑病、污斑病、网纹斑病等，是世界性花生病害。在我国北方特别是浇水条件好的中高产地块，花生网斑病的发生尤为严重，是花生叶部病害中蔓延快、危害重的病害之一。花生整个生长期均可发生，以中后期发病最重。常与其他叶斑类病害混合发生。引起花生生长后期大量落叶，严重影响产量，一般减产 10％～20％，重者达 30％以上。

## （一）症状

花生网斑病主要危害叶片，其次危害叶柄和茎秆。通常表现网纹和污斑两种类型症状。

**1. 网纹型** 一般发生在温度、湿度比较合适的情况下，病斑发展很快，花生网斑病发病初期，在叶片正面产生白色小粉点，逐渐呈白色星芒状辐射，随病斑扩大，中间变成褐色、深褐色，病斑边缘不清晰。

**2. 污斑型** 病斑近圆形，黑褐色，病斑边缘较清晰，主要是因为在网斑病发展过程中，遇到不适宜的气候条件所致。在多雨季节，多产生较大、近圆形、黑褐色斑块，直径达 1～1.5 厘米，叶背面病斑不明显，呈淡褐色。后期病斑上出现栗褐色小粒点，即病菌分生孢子器，老病斑变干易破裂；特别是与叶斑病混合发生情况下，可造成早期叶片脱落。

## （二）防治方法

**1. 农业防治**

（1）清除残枝落叶。收获时彻底清除病株、病叶，以减少翌年初侵染源。

（2）合理轮作。可以减轻病害发生，增施有机肥，特别是增施磷、钾肥，有利于提高花生植株抗性。

（3）种植抗耐病花生品种。花生品种间抗病性存在差异，花育 17 号、花育 19 号、花育 22 号、花育 24 号、丰花 3 号、丰花 8 号等叶斑病（含网斑病）综合抗性较好。

**2. 化学防治** 利用杀菌剂与除草剂混用封锁初侵染源，于花生播种后 1～2 天喷施硫黄悬浮剂 250 倍液＋乙草胺 150 毫升/亩，可延迟发病 15～20 天。

于花生饱果期开始，叶面喷施杀菌剂，可选用 70％代森锰锌胶悬剂 400 倍液，或 50％多菌灵可湿性粉剂 1 000 倍液，或 50％多·硫可湿性粉剂 1 000 倍液，或 75％甲基硫菌灵可湿性粉

剂 1 500 倍液，每隔 2 周喷 1 次，共喷 2～3 次，可以收到良好
效果。此外，75％百菌清可湿性粉剂 800～1 000 倍液对该病也
有较好的防治效果。

## 三、花生病毒病

花生病毒病是一类世界性重要的花生病害，种类较多，我国
发生的花生病毒病主要有条纹病毒病、黄花叶病毒病、矮化病毒
病、斑驳病毒病和芽枯病毒病等。其中，以条纹病毒病流行最
广，遍及全国各花生产区；黄花叶病毒病以北方栽培区发生较
多，南方有零星分布；斑驳病毒病零星分布于江苏、山东、河南
等花生产区；芽枯病毒病主要分布在广东、广西、海南等南方花
生产区。一般发生年份，病株率 20％～50％，减产 5％～20％；
大发生年份，病株率 90％以上，减产 30％～40％。发病越早，
减产越重。早期感病株减产 30％～50％。

### （一）症状

花生病毒病是系统性侵染病害，花生感病后往往全株表现症
状，几种病毒病常混合发生，表现出黄斑驳、绿色条纹等复合症
状，不易区分。

**1. 条纹病毒病** 又称轻斑驳花生病毒病。初在顶端嫩叶上
出现褪绿斑和环斑、沿侧脉出现断续绿色条纹或橡叶状花纹，或
一直呈系统性的斑驳症状。随着植株生长，症状逐渐扩展到全株
叶片。除发病早的植株稍矮外，一般不矮化。荚果小而少，种皮
上有紫斑，果仁或变紫褐色。

**2. 黄花叶病毒病** 又称花生花叶病。初在顶端嫩叶上出现
褪绿黄斑，叶脉变淡，叶色发黄，叶缘上卷，叶片变小，随后发
展为黄绿相间的黄花叶、网状明脉、绿色条纹和叶缘黄褐色镶边
等症状，病株比健株矮 1/5～1/4。荚果小而轻，果壳厚薄不均，
果仁变小呈紫红色。发生后期症状有减轻趋势。

**3. 矮化病毒病** 又称花生普通花叶病。顶端叶片出现褪绿

斑，后发展成黄绿相间的普通花叶症状，沿侧脉出现辐射状绿色小条纹和斑点。新叶片展开时通常是黄色的，但可以转变成正常绿色。叶片变小肥厚，叶缘出现波状扭曲，病株比健株矮 1/3～2/3，须根和根瘤明显稀少。开花结果少，荚果小畸形或开裂，果仁小，紫红色。

**4. 斑驳病毒病**　初在嫩叶上出现深绿与浅绿相嵌的斑驳、斑块或黄褐色坏死斑，近圆形、半月形、楔形或不规则形。叶缘卷曲，后逐渐扩展到全株叶片。坏死斑病株萎缩瘦弱，其他病株矮化不明显或不矮化。荚果小而少，种皮上有紫斑，果仁或变紫褐色。

**5. 芽枯病毒病**　顶端叶片起初出现很多伴有坏死的褪绿黄斑和环斑，叶柄和顶端表皮下的维管束变褐坏死，并且顶端叶片和生长点枯死，顶端生长受到抑制，严重的节间缩短、叶片坏死，植株明显矮化。

**（二）防治方法**

**1. 农业防治**　选用抗病性强的品种，实行分级粒选，剔除带毒的小粒仁和紫红色病粒，并实行地膜栽培。南方夏秋季花生芽枯病毒病严重发病区，在花生开花期发现病株应尽早拔除，切断田间传染源。适当推迟播期，避开发病高峰，减轻发病率。

**2. 化学防治**　及时防治蚜虫、蓟马等传毒介体，是化学防治花生病毒病的有效措施。防治病毒病的药剂与杀虫剂混用，可显著提高防治效果。

（1）种子处理，防治传毒介体。在播种前，可选用 600 克/升吡虫啉微囊悬浮剂 2.5～4 毫升拌花生种子 1 千克；或者选用 30%噻虫嗪种子处理悬浮剂按种子量的 0.3%～0.5%，或 25%噻虫·咯·霜灵悬浮种衣剂按种子量的 0.4%～0.8%，或 25%甲·克悬浮种衣剂按种子量的 2.8%～4%等包衣或拌种；也可选用 30%萎锈·吡虫啉悬浮种衣剂按药种比 1：（100～130），或

15％甲拌·多菌灵悬浮种衣剂按药种比 1：（40～50）等包衣或拌种。

（2）药剂喷雾，防治传毒介体。蚜虫、蓟马发生初期，每亩可选用 25 克/升溴氯菊酯乳油 20～25 毫升，或 5％啶虫脒可湿性粉剂 20～40 克，50％抗蚜威可湿性粉剂 10～20 克，25％噻虫嗪水分散粒剂 4～6 克，或 1.8％阿维菌素 20～30 毫升，或 20％氰戊·马拉松乳油 20～30 毫升，兑水 40～50 千克，均匀喷雾。也可选用 10％吡虫啉可湿性粉剂 2 000～3 000 倍液或 20％亚胺硫磷乳油 1 000 倍液，或 2.5％高效氯氟氯菊酯乳油 2 500～4 000 倍液，或 240 克/升虫螨腈悬浮剂 1 500～2 500 倍液，或 25％辛·氰乳油 1 000～1 500 倍液等，均匀喷雾，亩喷药液 40～50 千克。药液均匀喷施到花生植株上及花生田内外杂草等寄主上，间隔 7～10 天防治 1 次，连续防治 2～3 次。

（3）药剂喷雾，防治病毒病。在发病前或发病初期，每亩可选用 80％盐酸吗啉胍水分散粒剂 40～60 克，或 50％氯溴异氰尿酸可溶粉剂 60～80 克，或 8％宁南霉素水剂 80～100 毫升，或 0.1％大黄素甲醚水剂 60～100 毫升，或 1％香菇多糖水剂 100～150 毫升，或 2％氨基酸寡糖素水剂 150～250 毫升等，兑水 40～50 千克，均匀喷雾；也可选用 1.2％辛菌胺醋酸盐水剂 200～300 倍液，或 0.5％几丁聚糖水剂 300～500 倍液，或 30％毒氟磷可湿性粉剂 500 倍液，或 2％嘧肽霉素水剂 500 倍液，或 25％甲噻诱胺悬浮剂 1 000 倍液，或 24％混酯·硫酸铜水乳剂 400～500 倍液等，均匀喷雾，亩喷药液 40～50 千克。每隔 7～10 天喷 1 次，连喷 3～4 次。

## 四、花生锈病

花生锈病是一种世界性、暴发性病害，在我国除东北和西北尚未见正式报道外，其他地区均有不同程度的发生。近年来，呈自南向北扩展蔓延加重趋势。花生各生育期均可发生。但以结荚后期发生严重，引起植株提前落叶、早熟，造成花生减产。发病越早，损失越大，一般减产 15%～20%，严重的可达 50%以上。

## （一）症状

花生受害部位主要是叶片，叶柄、托叶、茎、子房柄果也可以感病。叶片感病以背面为重。发病初期在叶背长出头状小白点，几天后，病斑变黄绿色，随着病斑扩大，表皮破裂，露出铁锈色病原菌的夏孢子堆和夏孢子。病斑呈圆形，直径 1 毫米左右，叶背面产生的病斑小些。托叶上的夏孢子堆较大，茎和子房柄的孢子堆呈椭圆形，长 1～2 毫米，果壳上的孢子堆呈圆形或不规则形，长满夏孢子堆的叶片很快失绿变黄干枯，出现早衰现象。病害严重的花生田呈现铁锈色，甚至全株死亡，荚果不能成实并在土中腐烂，因此严重减产。

## （二）防治方法

**1. 消灭病原**　花生播种前彻底清除田间落粒自生苗。上季花生收获后及时处理病残体，以减少病原，延迟发病期。

**2. 化学防治**　在发病初期，当田间病株率达 15%～20%或近地面 1～2 片叶有 2～3 个夏孢子堆时，及时喷洒药剂进行防治。

每亩可选用 75%百菌清可湿性粉剂 100～120 克，或 12.5%烯唑醇可湿性粉剂 20～40 克，或 40%氟硅唑乳油 8～10 毫升，或 30%醚菌酯悬浮剂 50～70 毫升，或 25%戊唑醇水乳剂 25～35 毫升，或 45%咪鲜胺水乳剂 30～50 毫升等，兑水 40～50 千克，均匀喷雾。也可选用 50%克菌丹可湿性粉剂 400～600 倍液，或 4%嘧啶核苷类农用抗生素水剂 400～600 倍液，或 24%腈苯唑悬浮剂 1 000～1 500 倍液，或 10%苯醚甲环唑水分散粒剂 1 000～2 000 倍液，或 20%三唑酮乳油 1 000～2 000 倍液，或 25%丙环唑乳油 1 000～2 000 倍液等，均匀喷雾，亩喷药液 40～50 千克。可兼治黑斑病、褐斑病、网斑病、焦斑病、炭疽病、疮痂病等病害。喷药时可加入 0.03%的有机硅或 0.2%洗衣粉作为展着剂，间隔 10～15 天喷 1 次，连防 2～3 次，药剂应交替轮换使用。

## 五、花生疮痂病

花生疮痂病是花生上的一种重要病害，主要分布在亚洲和南美洲，在我国主要分布于广东、江苏、福建、广西等南方各花生主产区，河南、山东、河北、辽宁等产区也有零星发生。花生整个生育期均可发病，盛期在下针结荚期和饱果成熟期。造成植株矮缩、叶片变形、皱缩、扭曲，严重影响花生产量和质量，一般发病地块减产 10%～30%，重者减产 50% 以上。

### (一) 症状

花生疮痂病主要危害叶片、叶柄、茎秆，也可危害托叶和果柄。主要特征是患病部位均表现木栓化疮痂状，病症通常不明显，但在高湿条件下，病斑上长出一层深色绒状物，即病菌的分生孢子盆。

叶片受害，初期在叶正面和背面出现近圆形、针刺状的褪绿色小斑点，后形成直径 1～2 毫米的近圆形至不规则形病斑，中央稍凹陷、淡黄褐色，边缘红褐色，干燥时破裂或穿孔；叶背面主脉和侧脉上的病斑锈褐色，常连成短条状，表面呈木栓化粗糙；嫩叶上病斑多时，全叶常皱缩畸形。叶柄、茎秆和果柄受害，病斑卵圆形至短梭状，直径约 3 毫米，褐色至红褐色中部凹陷，边缘稍隆起，有的呈典型"火山口"状，斑面龟裂，木栓化粗糙更为明显；茎部病斑还常连片绕茎扩展，有的长达 1 厘米以上；被害果柄有的还肿大变形，荚果发育明显受阻，即使荚果成熟也有咖啡色色斑，影响商品性。发生严重时，病斑遍布全株，融合成片，造成茎上部"S"状弯曲、顶部叶片畸形，植株显著矮化，茎、叶及果柄枯死。

### (二) 防治方法

**1. 农业防治**　及时清洁田园，清除田间病残体，以减少病原。春花生采用地膜覆盖，下针期前及时喷施植物生长调节剂调控生长。科学灌水，严禁连续灌水和大水漫灌，大雨过后及时清沟排渍降湿。

**2. 化学防治**　使用药剂处理种子，防止种子带菌；病害发生后，结合其他病害喷药防控。

（1）种子处理。播种前，可按药种比，选用 25 克/升咯菌腈悬浮种衣剂 1∶（125～167），或 1.5％咪鲜胺悬浮种衣剂 1∶（100～120），或 50％甲基硫菌灵可湿性粉剂 1∶（100～200）等包衣。也可按种子重量，选用 0.2％～0.4％的 3％苯醚甲环唑悬浮种衣剂，或 0.2％～0.4％的 50％异菌脲可湿性粉剂，或 0.04％～0.08％的 350 克/升精甲霜灵种子处理乳剂，或 0.1％～0.3％的 12.5％烯唑醇可湿性粉剂等包衣或拌种。

（2）药剂喷雾。发病初期，结合其他叶斑病及早喷药预防控制。每亩可选用 80％代森锰锌可湿性粉剂 60～75 克，或 75％百菌清可湿性粉剂 100～120 克，或 25％丙环唑乳油 30～50 毫升，或 50％氯溴异氰尿酸可溶粉剂 40～80 克，或 40％氟硅唑乳油 8～10 毫升，或 50％咪鲜胺锰盐可湿性粉剂 40～60 克等，兑水 40～50 千克，均匀喷雾。也可选用 50％福美双可湿性粉剂 600～800 倍液，或 50％多菌灵悬浮剂 600～800 倍液，或 80％乙蒜素乳油 800～1 000 倍液，或 24％腈苯唑悬浮剂 1 000～1 500 倍液，或 12.5％烯唑醇可湿性粉剂 1 000～2 000 倍液，或 25％吡唑醚菌酯乳油 4 000～6 000 倍液等，均匀喷雾，亩喷药液 40～50 千克。喷药时可加入 0.03％的有机硅或 0.2％洗衣粉作为展着剂，间隔 10～15 天喷 1 次，连防 2～3 次，药剂应交替轮换使用，可兼治其他叶斑病害。

# 六、花生菌核病

花生菌核病是花生小菌核病和花生大菌核病的总称，花生大菌核病又称花生菌核茎腐病。在我国南北花生产区均有发生，以小菌核病为主。常发生在花生生长后期，造成植株枯萎死亡。多零星发生、危害不大，个别年份或局部地块危害较重，一般减产10%～20%，重者减产30%以上。

## （一）症状

**1. 花生小菌核病** 主要危害根部及根颈部，也能危害茎、叶、果柄及果实。叶片上病斑暗褐色，近圆形，直径3～8毫米，有不明显轮纹，潮湿时病斑扩大为不规则形，呈水渍状软腐。茎部病斑初为褐色，后渐扩大，变为深褐色，最后呈黑褐色，受害部位软化腐烂，病部以上茎叶萎蔫枯死。在潮湿条件下，病部表面初生灰褐色绒毛状霉状物，后变为灰白色粉状物，即病菌的菌丝和分生孢子梗、分生孢子。至临近收获时，在茎的皮层及木质部之间产生大量不规则形的小菌核，有时菌核突破表皮外露。菌核外层黑色，内部白色，大小1～2毫米。受害果柄腐烂易断裂。受害荚果变褐色，在表面或荚果里生白色菌丝体及黑色菌核，引起籽粒腐败或干缩。

**2. 花生大菌核病** 引起症状与小菌核病相似，主要危害茎秆，也可危害根、荚果、叶片和花。茎部病斑形状不规则，初呈暗褐色、水渍状，后褪为灰白色，扩大后绕茎，引起茎蔓表皮腐烂剥落、撕裂呈纤维状，露出白色木质部，病部表面长满棉絮状的菌丝层，病部以上茎叶陆续凋萎死亡。后期在病部表面及髓腔中产生鼠粪状菌核，初为白色，后变黑色且坚硬，直径3～12毫米不等。荚果受害后腐烂，长出棉絮状菌丝，内部也能产生菌核。

## （二）防治方法

**1. 农业防治** 合理轮作重病田，实施水旱轮作或与小麦、玉米、谷子、甘薯等进行3年以上轮作；合理密植，高畦栽培，使用有机肥要充分腐熟；及时拔除田间病株，集中烧毁，花生收获后清除病残体深翻灭茬。

**2. 化学防治** 播种前，种子处理进行包衣或拌种；耕翻土地时，土壤处理消毒；发病初期，及早地面喷药封锁初侵染源和叶面喷药预防控制。

（1）种子处理。播种前，按药种比，可选用 25 克/升咯菌腈悬浮种衣剂 1∶（125～167），或 1.5％咪鲜胺悬浮种衣剂 1∶（100～120），或 400 克/升萎锈·福美双悬浮种衣剂 1∶（160～200），或 41％唑醚·甲菌灵悬浮种衣剂 1∶（273～820）等包衣或拌种，或者按种子重量可选用 0.2％～0.4％的 3％苯醚甲环唑悬浮种衣剂，或 0.04％～0.08％的 35％精甲霜灵种子处理乳剂，或 2％～4％的 15％五氯硝基苯悬浮种衣剂，或 0.1％～0.3％的 12.5％烯唑醇可湿性粉剂等拌种或包衣。

（2）土壤处理。结合春季耕翻整地，每亩可选用 50％福美双可湿性粉剂 2～3 千克，或 80％多菌灵可湿性粉剂 2～3 千克，或 70％敌磺钠可溶粉剂 3～5 千克，或 40％五氯硝基苯粉剂 5～7 千克，或 70％甲基硫菌灵可湿性粉剂 2～3 千克等，加细土或水均匀混施于土壤中。

（3）药剂喷淋。花生花针期（即开花至下针这段时间）或发病初期，每亩可选用 50％异菌脲可湿性粉剂 80～100 克，或 40％菌核净可湿性粉剂 100～150 克，或 25％丙环唑乳油 30～50 毫升，或 50％咪鲜胺锰盐可湿性粉剂 40～60 克，或 30％菌悬浮剂 50～70 毫升，或 40％多菌灵悬浮剂 175～250 毫升等，兑水 40～60 千克，均匀喷施。也可选用 50％福美双可湿性粉剂 600～800 倍液，或 36％甲基硫菌灵悬浮剂 1 000～1 500 倍液，或 50％腐霉利可湿性粉剂 1 000～1 500 倍液，或 80％乙蒜素乳油 800～1 000 倍液，或 10％苯醚甲环唑水分散粒剂 1 000～1 500 倍液，或 50％啶酰菌胺水分散粒剂 1 000～1 500 倍液等，均匀喷施，每亩喷药液量 40～60 千克。喷淋花生茎基部及地表或灌根，每穴浇灌，每亩喷洒药液，或每穴喷淋浇灌药液 0.2～0.3 千克，发病严重时，间隔 7～10 天防治 1 次，连续防治 2～3 次，药剂交替施用，药液喷足淋透，可兼治白绢病、茎腐病等病害。

## 七、花生白绢病

花生白绢病又叫花生白脚病、菌核性基腐病、菌核枯萎病、菌核根腐病，是一种世界性花生病害。我国各花生产区均有发生，南方花生产区发生较重。多发生在花生下针至荚果形成期，造成叶片脱落、植株枯萎死亡，一般田块病株率在 5% 以下，严重地块达 30% 以上，病株一般减产 30%，重者减产 70% 以上，甚至绝收。

### （一）症状

花生白绢病主要危害茎基部，也危害果柄、荚果和根部。病部初期变褐软腐，其上出现波纹状病斑。病斑表面长出一层白色绢状菌丝体，并在植株中下部茎秆的分枝间、植株间蔓延，土壤潮湿、植株郁闭时，病株的中下部茎秆及周围土表的植物残体和有机质、杂草上，也可布满白色菌丝体。菌丝遇强阳光常消失，天气干旱时，仅危害花生地下部分，菌丝层不明显。发病后期，菌丝体中形成很多油菜籽状菌核，初为乳白色至乳黄色，后变深褐色，表面光滑、坚硬。受害茎基部组织腐烂，皮层脱落，剩下纤维状组织。病株逐渐枯萎，叶片变黄，边缘焦枯，拔起易落果、断头。受害果柄和果长出很多白色菌丝，呈湿腐状腐烂，病部浅褐色至暗褐色。果仁感病后皱缩、腐烂，病部覆盖灰褐色菌丝，后期形成菌核，有时在种皮上形成条纹、片状或圆形的蓝黑色纹。

### （二）防治方法

**1. 农业防治** 重病实行水旱轮作，或与小麦、玉米等较抗病的禾本科作物实行 3 年以上轮作。选择地势平坦、土层深厚、土质肥沃、排灌方便的地块种花生。深翻改土，偏酸性土壤每亩施石灰或石灰氮 30～50 千克。配方施肥，增施锌肥、钙肥、硼肥，施用充分腐熟有机肥。清除病株残体，集中烧毁或掩埋。

**2. 化学防治** 播种前，种子包衣或拌种进行处理；耕翻土地时，土壤处理消毒；发病初期，及早喷药预防控制。

（1）种子处理。播种前，按药种比，可选用 25 克/升咯菌腈悬浮种衣剂 1：（125～167），或 50％多菌灵可湿性粉剂 1：（100～200），400 克/升萎锈·福美双悬浮种衣剂 1：（160～200），或 41％唑醚·甲菌灵悬浮种衣剂 1：（273～820）等包衣或拌种，或 41％唑醚·甲菌灵悬浮种衣剂 1：（273～820）等包衣或拌种。或者按种子重量，可选用 0.04％～0.08％的 35％精甲霜灵种子处理乳剂，或 2％～4％的异菌脲可湿性粉剂，或 0.2％～0.4％的 3％苯醚甲环悬浮种衣剂，或 2％～4％的 15％五氯硝基苯悬浮种衣剂等种或包衣。

（2）土壤处理。结合春季拼翻整地，每亩可选用 70％甲基硫菌灵可湿性粉剂 2～3 千克，或 80％多菌灵可湿性粉剂 2～3 千克，或 50％福美双可湿性粉剂 2～3 千克，或 70％敌磺钠可溶粉剂 3～5 千克，或 40％五氯硝基苯粉剂 5～7 千克等，加细土或水均匀施于土壤中。

（3）药剂喷淋。发病初期，每亩可选用 20％氟酰胺可湿性粉剂 75～125 克，或 25％丙环唑乳油 30～50 毫升，或 50％氯溴异氰尿酸可溶粉剂 40～80 克，或 45％咪鲜胺水乳剂 30～50 毫升，或 30％醚菌酯悬浮剂 50～70 克，或 6％井冈·嘧苷素水剂 400～500 升等，兑水 40～60 千克。也可选用 2％春雷霉素可湿性粉剂 200～300 倍液，或 20％甲基立枯磷乳油 600～800 倍液，或 40％菌核净可湿性粉剂 600～800 倍液，或 50％腐霉利可湿性粉剂 1 000～1 500 倍液，或 80％乙蒜素乳油 800～1 000 倍液，或 25％吡唑醚菌酯乳油 4 000～6 000 倍液等，均匀喷施，亩喷药液 40～60 千克。喷淋花生茎基部、地表或灌根，或每穴喷淋浇灌药液 0.2～0.3 千克。发病严重时，间隔 7～10 天防治 1 次，连续防治 2～3 次，药剂交替施用，药液喷足淋透，可治菌核病、根腐病等病害。

## 八、花生茎腐病

花生茎腐病病原为棉色二孢菌（*Diplodia gossypina* Cooke），花生茎腐病病菌主要在种子、土壤中的病株残体内越冬，成为翌年发病的初侵染源，在田间随雨水、种子调运、大风、农机具等传播。病菌主要从伤口侵入，也可直接侵入；花生苗期湿度大，病菌最适宜侵染，其次是结果期，花期不适宜病菌侵染。

### （一）症状

花生茎腐病俗称"烂脖子病""倒秧病""死秧"，是一种暴发性病害。一般田间病株率为 10％，严重地块可高达 30％以上，甚至连片死亡，造成绝产。病菌首先侵染花生子叶，导致子叶变黑腐烂；然后侵染茎基部，起初呈黄褐色水渍状斑，然后向上下扩展，造成茎部黑褐色，最后导致根基组织腐烂。

### （二）防治方法

**1. 农业防治** 选用抗病品种；与小麦、水稻、玉米或甘薯等作物进行合理轮作，避免重茬。

**2. 化学防治** 用药剂拌种，按种子重量的 0.5％使用 25％或 50％多菌灵可湿性粉剂进行拌种，或按种子重量的 1.0％配成药液浸种 24 小时后，再进行播种；发病初期，可用 50％多菌灵 800 倍液喷雾，7～10 天喷 1 次，共 2～3 次；发病重的可用 70％甲基托布津可湿性粉剂 1 000 倍液进行灌根处理。

## 九、花生根腐病

花生根腐病病原为尖镰孢菌（*Fusarium oxysporum*）、串珠镰孢菌（*F. moniliforme*）、粉红镰孢菌（*F. roseum*）、三线镰孢菌（*F. tricinfectum*）和茄镰孢菌（*F. solani*）。花生根腐病病菌在病残体、土壤中越冬，混有病残体的牛粪或土杂肥是该病害的初侵染源，随流水、大风、雨水或施肥等进行传播，病菌可通过伤口侵入或直接侵入。

## （一）症状

花生根腐病俗称"鼠尾""烂根"，是常见的土传真菌性病害。在花生的各生育期均可发病，尤其在重茬地块发病更为普遍。通常在花生播种后出苗前染病，会出现烂种不出苗的现象；幼苗期，主根呈褐色，植株枯萎；主根根茎出现褐色长条状凹陷病斑，根部腐烂，侧根很少或无侧根，根部形似鼠尾，从而使地上部植株矮小，叶片发黄逐渐脱落，最终根系腐烂，全株枯萎死亡。

## （二）防治方法

**1. 农业防治**　选用抗病品种、晒种，提高种子质量；通过与小麦、玉米等禾谷作物轮作进行倒茬；加强管理，精细整地，深耕改土，增施有机肥，合理排灌；及时清除田间病株残体，减少菌源。

**2. 化学防治**　用药剂拌种，用40％福萎胶悬剂200毫升/100千克或0.3％的40％多菌灵可湿性粉剂拌种；苗期发病，可用96％恶霉灵3 000倍液，40％三唑酮、50％多菌灵1 000倍液，70％甲基托布津600～800倍液、50％多菌灵可湿粉剂1 000倍液，每隔7～15天喷1次，连喷2次，交替施用，以提高防治效果。

# 十、花生果腐病

又称"烂果病"，可在荚果的不同发育时期发病，主要表现为花生果腐烂。

## （一）症状

受害植株在地上部分与正常植株无差异，难以发现，但将病株拔出，可见荚果发黑腐烂；发病的花生荚果，果仁小，发育不良，呈深褐色病斑，随后扩展到整个荚果，最后变黑、腐烂；花生荚果的果柄与荚果的结合部易染病，发病后易落果；花生的籽仁也会发黑霉烂，严重影响到花生的品质。

### （二）防治方法

**1. 农业防治**　与玉米、小麦等作物进行轮作倒茬；加强管理，做好排水措施；增施钙肥；更换品种，同一个品种不建议在同一块地常年种植。

**2. 化学防治**　发病前期，可用80％代森锰锌可湿性粉剂100～150克，兑水50～100升，或50％多菌灵可湿性粉剂1 000～1 500倍液喷雾，或用36％三氯异氰尿酸可湿性粉剂1 000～1 500倍液灌根。

# 十一、花生冠腐病

花生冠腐病病原为黑曲霉（*Aspergillus niger*），花生冠腐病病菌以菌丝或分生孢子在土壤、病残体和种子上越冬。可从伤口侵入或从种皮直接侵入，病部产生分生孢子主要靠风雨、气流传播进行再侵染。

### （一）症状

花生冠腐病可在花生播后出土前发病，引起果仁腐烂，发病部位会出现黑色霉状物，造成烂种；幼苗或成株发病，会造成根冠或根颈部腐烂，先呈黄褐色，后转黑褐色，后期病部呈干腐状，表皮组织腐烂，仅剩维管束等纤维组织。拔起病株易断头，常从茎基部折断，在断口及其附近着生黑色霉状物，最后病株因失水，很快枯萎死亡。

### （二）防治方法

**1. 农业防治**　与玉米等非寄主作物轮作1年，重病地块可轮作2～3年；及时彻底清除田间病残体；花生播种前，选饱满无病无霉变的健壮种子；施肥时，施用充分腐熟的有机肥。

**2. 化学防治**　用药剂处理种子，按种子重量的1％使用50％多菌灵可湿性粉剂拌种，或按种子重量的0.5％～0.8％使用30％菲醌可湿性粉剂拌种；发病初期，用50％多菌灵可湿性粉剂或70％甲基托布津可湿性粉剂800～1 000倍液喷洒。

## 十二、花生根结线虫病

花生根结线虫病的病原线虫有 2 个种：花生根结线虫（*Meloidogyne arenaria* Neal）和北方根结线虫（*M. hapla* Chitwood）。花生根结线虫病是一种毁灭性病害，在我国主要花生产区均有分布。

### （一）症状

花生根结线虫侵染花生的根、茎、胚栓和荚果，地上部分植株表现为矮小，茎叶发黄，整株萎蔫至枯死等症状，荚果表面也会有疮痂状瘤状突出，揭开表皮组织可见 1 个至数个根结线虫雌虫。地下部的根系出现不规则瘤状及虫瘿，严重时会出现乱麻状须根团，最后大部分病根腐烂、坏死。

### （二）防治方法

**1. 农业防治**　与禾本科作物或甘薯轮作换茬，加强水、肥管理，清理田间病残体，减少越冬虫源。

**2. 化学防治**　采用10％益舒丰颗粒剂、98％愍速灭颗粒剂和10％苯线磷颗粒剂等进行防治。

## 十三、花生青枯病

花生青枯病病原为茄雷尔氏菌（*Ralstonia solanacearum*），花生青枯病病原菌主要在田间土壤、病残体及用病残体制作的粪肥上越冬，随雨水、土壤的迁移、翻耕和农具等传播，也可随田鼠、地下害虫传带，同时花生的伤口也有利于病菌的侵入。

### （一）症状

花生青枯病又称"死苗""花生瘟""青症"，是一种细菌性病害。该病可危害花生的整个生育过程，以盛花期最严重。花生青枯病是一种典型的维管束病害，拔起病株可见主根尖端变褐、湿腐，横切病部呈环状排列的维管束变成深褐色。典型症状是花生植株急性凋萎和维管束变色。发病初期，主茎顶端第一、第二片叶首先失水萎蔫，3～5天后整株枯萎，叶色暗淡，但仍呈青绿色，故名青枯病。发病后期，挤压切口处，可见白色菌脓溢出。

### （二）防治方法

**1. 农业防治**　选用高产、优质、抗病品种，加强田间管理，进行土壤深耕，早施氮肥，增施钾、磷肥和有机肥；雨后及时疏通排水，实行高畦地膜栽培，合理密植，以易于通风透光；对于酸性土壤可施石灰降低酸度；及时拔除病株，减少菌源。

**2. 化学防治**　用20％青枯灵可湿性粉剂、70％代森锰锌可湿性粉剂、14％络氨铜水剂、72％农用链霉素、30％氧氯化铜悬浮剂、70％硫菌灵可湿性粉剂、75％百菌清可湿性粉剂等兑水喷施，每隔7～10天喷1次，连喷2～3次，进行防治。

# 第二节　主要虫害

## 一、蚜虫

### （一）分布与危害

蚜虫属昆虫纲同翅目蚜科，别名苜蓿蚜、豆蚜、槐蚜，俗称蜜虫、腻虫等，是花生上的一种常发性害虫。世界各花生产区普遍发生，我国各地均有发生。蚜虫寄主甚广，除花生外，还可危害苜蓿、绿豆、豌豆、豇豆、芥菜、槐树、刺儿菜等200余种植物。

蚜虫自花生种子发芽到收获期均可危害，以花期前后危害最重。成虫和若虫群集在幼茎、嫩芽、嫩叶、花朵及果针等幼嫩部位刺吸汁液，致使叶片变黄扭缩，生长缓慢或停滞，植株矮小，影响开花下针和结实。蚜虫排出的大量蜜露，引起霉菌寄生，使茎叶发黑，影响光合作用，甚至整株枯死。蚜虫还能传播多种病毒病，危害更大。受害花生轻者减产20％～30％，重者减产50％～60％，甚至绝收。

### （二）形态特征

**1. 成虫** 分为有翅胎生成虫和无翅胎生成虫 2 种。体黑色、黑绿色或紫黑色，有光泽；复眼黑褐色；触角 6 节，约为体长的 2/3，第 3 节较长，上有 4～7 个感觉圈，排列成行；腹管黑色圆筒形，约为尾片的 2 倍；尾片上翘，黑色，乳突状，两侧各生刚毛 3 根。足黄白色，基节、转节、跗节及胫节和腿节端部黑色。有翅胎生雌蚜体长 1.5～1.8 毫米；触角第 1～2 节黑褐色，第 3～6 节黄白色，节间淡褐色；翅基、翅痣、翅脉均为橙黄色，后翅有中脉和肘脉。无翅胎生雌蚜体长 1.8～2.0 毫米；体较肥胖，被薄蜡粉；触角第 1、2、6 节及第 5 节末端黑色，其余黄白色。

**2. 若虫** 分为有翅胎生若虫和无翅胎生若虫 2 种。与成虫相似，体小，灰紫色或黄褐色，体节明显，体上被薄蜡粉，尾片不上翘。

**3. 卵** 长椭圆形，初为淡黄色，后变草绿色，孵化前黑色。

### （三）生活习性

蚜虫 1 年发生 20～30 代。在河南、河北、山东等地，1 年发生约 20 代，主要以无翅胎生若蚜在背风向阳处的荠菜、苜蓿、菜豆、冬豌豆等十字花科、豆科植物的心叶及根茎交界处越冬，少量以卵在寄主残体上越冬。翌年春季气温回升到 10℃时开始活动，在越冬寄主上繁殖几代后，4 月中下旬产生有翅蚜，5 月花生出苗后即迁入危害。5 月底至 6 月底、6 月中旬至 7 月上旬是危害春、夏花生盛期。7 月下旬产生有翅蚜，向周围豆科植物扩散，9～10 月产生有翅蚜，于花生收获前迁飞到越冬寄主上繁殖越冬。在广东、福建、广西等地，1 年发生 30 多代，可在豆科植物上不间断繁殖危害，无越冬现象。4 月下旬至 5 月中旬、9～10 月是危害春、秋花生的盛期。

蚜虫可行孤雌生殖和两性生殖，其繁殖危害与温、湿度关系密切，最适温度 19～22℃、相对湿度 60%～70%，每头雌蚜可产若蚜 85～100 头，4～6 天即可完成 1 代。春末夏初气候温度、雨量适中对其发生繁殖有利。大雨对蚜虫有冲刷作用，降水量大、相对湿度大，则对其发生不利。旱地、坡地及不覆盖地膜栽培、植株生长茂密，周围寄主较多的地块发生严重。瓢虫、草蛉、食蚜蝇、蚜茧蜂、寄生菌等天敌对其发生有抑制作用。花生不同品种间受害程度有一定差异，蔓生、大粒型、茎叶茸毛较少的品种受害较重。

### （四）防治方法

**1. 农业防治**　合理邻作，花生田块周围尽量避免种植豌豆等其他寄主植物。加强田间管理，适时播种，合理密植，配方施肥，科学灌溉，清洁田园，铲除田间及周边越冬寄主。

**2. 物理防治**　覆膜栽培，使用银灰色薄膜对苗期蚜虫有明显驱避作用。利用蚜虫的趋黄性，在有翅蚜迁飞期，田内悬挂黄色粘虫板进行诱杀。

**3. 生物防治**　保护和利用天敌。选用对天敌杀伤小的农药，避免在天敌高峰期用药。当瓢虫与蚜虫比达 1∶（80～100）时，可利用天敌控制蚜虫，不施农药。喷施生物制剂：每亩可选用 1.5% 苦参碱可溶液剂 30～40 毫升或 2.5% 鱼藤酮悬浮剂 100～150 毫升，或 0.6% 烟碱·苦参碱油 60～120 毫升等，兑水 40～50 千克喷雾；也可选用 10% 多杀霉素悬浮剂 2 000～3 000 倍液，或 1.8% 阿维菌素乳油 2 000～4 000 倍液，或 0.5% 藜芦碱可溶液剂 600～800 倍液等，均匀喷雾，亩喷药液 40～50 千克。间隔 7～10 天防治 1 次，连续防治 2～3 次。

**4. 化学防治**　防治蚜虫宜早不宜晚，不仅要控制其直接危害，更重要的是预防病毒病的发生危害。应做到防治蚜虫与预防病毒病相结合，田内施药与田外寄主相结合。

（1）种子处理。播种前，可选用 30% 噻虫嗪种子处理悬浮剂 2.5～5 毫升，或 600 克/升吡虫啉微囊悬浮种衣剂 2.5～4 毫升等，拌花生种子 1 千克。或者按药种比，选用 30% 烄锈·吡虫啉悬浮种衣剂1：（100~130），或22%苯醚·咯·噻虫悬浮种衣剂1：（150~200）等包衣或拌种。也可按种子重量，选用0.5%~0.6%的35%噻虫·福·萎锈悬浮种衣剂，或2.8%~4%的25%甲·克悬浮种衣剂等包衣或拌种。

（2）药剂喷雾。蚜虫发生初期，当蚜穴（株）率达20%~30%，或百穴（株）蚜量达1 000头以上时，一般在有翅蚜向花生地迁移高峰后2~3天，应立即喷药防治。每亩可选用25克/升溴氰菊酯乳油20~25毫升，或50%抗蚜威可湿性粉剂10~30克，或20%烯啶虫胺水分散粒剂6~10克，或20%氰戊·马拉松乳油20~30毫升，或3%甲维·啶虫脒微乳剂40~50毫升等，兑水40~50千克，均匀喷雾。也可选用48%敌敌畏乳油400~600倍液或25%噻嗪酮可湿性粉剂1 000~2 000倍液，或600克/升吡虫啉悬浮剂800~1 000倍液，或1%阿维·氯氟微乳剂800~1 000倍液，或25%辛·氰乳油1 000~1 500倍液等，均匀喷雾，亩喷药液40~50千克。间隔7~10天防治1次，连续防治2~3次，药剂交替施用。春季蚜虫迁飞之前，在周围越冬寄主上喷洒药剂，可有效杀灭虫源。

## 二、蛴螬

蛴螬属昆虫纲鞘翅目金龟甲总科金龟甲幼虫的总称，又名白土蚕、核桃虫、地狗子等，其中植食性蛴螬是一类世界性的农林牧业地下害虫，喜食植物地下的种子、幼根、块茎等，蛴螬成虫称为金龟甲或金龟子，别名瞎撞、金巴牛、金翅亮等，成虫多数种类需要补充营养，喜食植物的叶片、嫩芽和花器等。

### （一）分布与危害

在花生幼苗期，成虫咬食茎叶，造成缺苗断垄。结荚饱果期，幼虫啃食根果，造成花生大片死亡和荚果空壳，大大降低产量。据观察，1头3龄暗黑鳃金龟甲1天能取食8~10个幼果。1头3龄云斑幼虫1天能咬死12株花生幼苗。一般使花生减产

15％～20％，严重的减产 50％～80％，甚至绝产。有时每亩收的荚果不如蛴螬数量多。

## （二）形态特征

金龟甲种类很多，但严重危害花生的主要有大黑鳃金龟甲、暗黑鳃金龟甲、黑皱金龟甲、棕色金龟甲、拟毛黄金龟甲、云斑金龟甲、铜绿丽金龟甲和毛棕金龟甲等。系完全变态的昆虫，一生共经过卵、幼虫、蛹、成虫 4 个不同的发育阶段。

**1. 卵**　卵产于土中，初产为椭圆形，乳白色，孵化前膨大呈圆球形，可见 2 个褐色上颚。

**2. 幼虫**（即蛴螬）　整体肥胖，通常弯曲呈"C"形，白色至乳黄色，皮肤柔软多皱纹，并生有细毛。头大而圆，黄褐色或棕褐色，口器发达。有 3 对胸足，腹部由 10 节组成。

**3. 蛹**　蛹为裸蛹，多为黄色或褐色。3 对胸足和前后翅依次贴附在身体腹面，能自由活动，羽化前复眼变为黑色。

**4. 成虫**（即金龟甲）　身体多呈椭圆形。不同种的色泽、大小差别很大。有 1 对坚硬角质化前翅，后翅膜质，藏在前翅下，供飞翔用，少数种类后翅退化。触角末端膨大呈叶片状，这是金龟甲的特征。

## （三）生活习性

**1. 大黑鳃金龟甲**　分布在江苏、山东、河南、河北、北京、辽宁等省份的大部分地区或部分地区。2 年 1 代，以成虫和幼虫隔年交替越冬。在江苏、浙江等地越冬成虫于 4 月上中旬开始出现，5 月中下旬至 6 月上中旬为发生盛期，7 月下旬至 8 月上旬为末期。20:00～21:00 为出土盛期。喜在花生、大豆等作物和矮小苗木上取食、交尾。越冬幼虫 10 月中下旬下移，翌年 4 月上中旬上移危害，6 月上旬下移化蛹，6 月中旬开始羽化为成虫，当年不出土，原处越冬。

**2. 暗黑鳃金龟甲**　在山东、河南等地 1 年发生 1 代，而在东北各地则 2 年 1 代。在山东省等地以老熟幼虫越冬。6 月上旬出现成虫，6月下旬至7月中旬为出土盛期，高峰期在7月上旬，8月上旬为末期。19：00出土活动，20：00为盛期，出土后飞到高粱、玉米及矮小灌木上交尾。交尾后飞往榆、杨、刺槐、栗等树上取食，至黎明时飞回树墩、地堰根暄土内潜伏。交尾后的雌虫飞往花生地产卵。有隔日出土、趋光、假死和趋高、集中取食等习性。

**3. 黑皱金龟甲**（也叫无后翅金龟甲） 分布在河北、山东、天津、北京、辽宁等省份的部分地区，2年1代，以成虫或2～3龄幼虫隔年交替越冬。越冬成虫于4月上旬开始出土，发生盛期为4月中旬至6月中旬，7月下旬为末期。成虫白天活动，7：00前后出土，18：00左右入土。出土后大量取食，食性很杂。4月下旬为产卵初期，5月中旬至6月中旬是产卵盛期，7月上旬为末期。幼虫孵化后即能危害花生，至10月下旬始下移越冬。翌年4月上中旬上移危害春作物，6月中旬至7月下旬下移化蛹，7月中旬至8月上旬羽化为成虫，在原处越冬。

**4. 棕色金龟甲** 分布在山东、山西、北京等省份的部分地区，两年1代，以成虫和幼虫隔年交替越冬，越冬成虫4月初开始出土活动，4月中下旬为活动盛期，5月中旬为末期。18：00左右出土，18：30～19：30为活动盛期，出土后寻偶交尾。成虫不取食，晚间活动时间短，飞翔力弱，活动范围小而集中，8月左右全部入土，天暖无风出土多。幼虫于10月下旬下移越冬，翌年3月底上移危害，9月下旬下移化蛹，蛹期20～35天，羽化成虫后，在原处越冬。

**5. 铜绿丽金龟甲** 分布在安徽、河北、河南、山东、辽宁、北京等省份的部分地区。1年1代，以2～3龄幼虫越冬。越冬幼虫于4月上旬上移活动危害，5月下旬开始化蛹，5月下旬至6月上旬开始羽化为成虫，6月下旬至7月中旬为盛期，8月中旬为末期。每天黄昏出土，闷热无风天气活动最盛。黎明前潜伏。7～8月为1～2龄幼虫，8月下旬至9月上旬为3龄幼虫，

10月下旬下移越冬。

**6. 拟毛黄金龟甲** 分布在山东等省份的部分地区。1年1代，以老熟幼虫越冬。成虫于5月下旬出现，6月中下旬为发生盛期，7月上旬为末期。20:00左右出土交尾，20:30～21:30活动最盛，不取食，活动范围小而集中。22:00前后全部入土。趋光性较强，幼虫于9月中下旬下移越冬。

### （四）防治方法

蛴螬种类很多，发生规律不同，防治前必须进行虫情测报，弄清虫种。根据不同虫种的危害习性，采取相应措施，及时控制危害。

**1. 防治成虫** 在成虫（金龟甲）发生盛期尚未产卵前，进行药剂喷杀及人工扑杀效果显著。可用40%乐果乳剂或40%氧化乐果1 000倍液，或50%马拉硫磷、或40%水胺硫磷、或20%异硫磷、或50%辛硫磷、或90%敌百虫等1 000倍液进行田间喷雾，均有很好的防效。

**2. 防治幼虫** 在播种期，主要防治春季上移危害的越冬幼虫，如大黑鳃金龟甲、棕色金龟甲、黑皱金龟甲、毛棕金龟甲、云斑金龟甲、铜绿丽金龟甲、蒙古丽金龟甲等幼虫。防治方法主要有3种：

（1）毒土法。用5%辛硫磷颗粒剂或5%的异丙磷颗粒剂，每亩2.5～3千克，加细土15～20千克，充分拌匀后，撒入播种穴内。

（2）盖种法。花生开沟播种时，每亩用辛硫磷颗粒剂或3%的辛硫磷2.5～3千克撒盖在种子上，然后覆土，可兼治蚜虫、蓟马和金针虫。

（3）拌种法。用25%七氯乳剂0.5千克，加水12.5～15升，拌100～200千克花生种子；或用50%氯丹乳剂0.5千克，加水12.5～15升，拌种150～250千克；或用种子重量0.2%的辛硫磷乳剂拌种，即50%辛硫磷乳剂50毫升，拌种25千克。

在花生生长期（开花下针期）产卵的成虫和幼龄期的幼虫，每亩可用50%辛硫磷0.25千克，兑粉碎的炉渣颗粒25千克，撒于花生植株基部，立即中耕培土。也可用50%辛硫磷乳剂，或20%异硫磷，或50%马拉硫磷，或50%地亚农乳剂800～1 000倍液，在幼虫2龄以前灌药，每窝花生灌药水50毫升，有一定的防治效果。

其他防治措施，如实行轮作，特别是与水稻实行水旱轮作，可减轻蛴螬的危害。结合耕地、播种或收获时捡拾蛴螬。田边地头种植蓖麻，对诱杀大黑鳃金龟甲、黑皱金龟甲成虫也有很好的效果。同时，保护大黑鳃金龟甲、暗黑鳃金龟甲的天敌臀沟土蜂，也可减轻蛴螬的危害。

## 三、花蓟马

### （一）分布与危害

花蓟马是属于缨翅目蓟马总科的一种。分布于上海、江苏、浙江、湖南、湖北、山西、河北、四川等地，主要危害非洲菊、金盏菊、大丽花、唐菖蒲、月季、茉莉、美人蕉等花卉苗木，也可危害其他作物。在我国南方稻区，花蓟马一年可发生11～14代。在浙江，早春鲜食花生发生较轻，地膜覆盖春花生（4月上旬至5月上旬）发生严重，10月下旬至11月开始越冬。成虫、若虫主要危害花生嫩叶，群集于未张开的复叶内或叶背，锉吸汁液，造成叶片畸形，呈现银白色条斑，严重的枯焦萎缩，出现褐色斑纹。也可危害老叶、花器、叶柄等，花器、花瓣受害后呈白化，经日晒后变为黑褐色。危害严重的，花朵萎蔫、受害花朵不孕或不结实。

### （二）形态特征

**1. 成虫**　体长1.4毫米，褐色。头、胸部稍浅，前腿节端部和胫节浅褐色。触角第1、2节和第6～8节褐色，第3～5节黄色，但第5节端半部褐色。前翅微黄色。腹部第1～7背板前缘线暗褐色。头背复眼后有横纹。单眼间鬃较粗长，位于后单眼前方。触角 8 节，较粗；第 3、4 节具叉状感觉锥。前胸前缘鬃 4 对，亚中对和前角鬃长；后缘鬃 5 对，后角外鬃较长。前翅前缘鬃 27 根，前脉鬃均匀排列，21 根；后脉鬃 18 根。腹部第 1 背板布满横纹，第 2～8 背板仅两侧有横线纹。第 5～8 背板两侧具微弯梳；第 8 背板后缘梳完整，梳毛稀疏而小。雄虫较雌虫小、黄色。腹板 3～7 节有近似哑铃形的腺域。

**2. 卵**　肾形，长 0.2 毫米，宽 0.1 毫米。孵化前显现出 2 个红色眼点。

**3. 若虫**　2 龄若虫体长约 1 毫米，基色黄；复眼红；触角 7 节，第 3、4 节最长，第 3 节有覆瓦状环纹，第 4 节有环状排列的微鬃；胸、腹部背面体鬃尖端微圆钝；第 9 腹节后缘有一圈清楚的微齿。

**（三）生活习性**

**1. 趋花性**　花蓟马成虫有很强的趋花性，在许多植物的花内都有它的踪迹。江苏省镇江市农业科学院 5 月在蚕豆花内调查，200 朵蚕豆花内有数百头以上的花蓟马，最多的一次达 1 574 头，平均每朵蚕豆花内有 7～8 头。贵州省锦屏县农业农村局 5 月下旬调查，田边处于开花盛末期的毛茛上，每百株有花蓟马成虫 116～493 头，若虫 42～163 头；开花盛期的小过路黄（报春花科植物）上百株成虫数 84～196 头，若虫 16～29 头，卵 33～51 粒，此时田边每 0.1 平方米内平均计有毛茛 2.8 株，小过路黄 14.5 株。因此，花蓟马数量是相当可观的。

**2. 产卵习性**　花蓟马也像稻蓟马、禾蓟马那样，把卵产在植物组织内。由于花蓟马成虫喜趋花，卵大部分产于花内。一般是产在花瓣上，有的产于花丝上，如大、小蓟或合欢的花丝，一根花丝上可产 2～3 粒卵，有卵处花丝稍膨大。蓼科植物的花瓣小，肉厚不透明，产卵后则不易发现卵粒。除花瓣外，还有的产于包裹子房的花膜上，像蚕豆等蝶形花。花蓟马也产卵于花柄

（如十字花科植物）或叶片上，棉苗、桑及小过路黄上的卵就产于叶片内。在小过路黄上，卵就产在花下 1～2 片嫩叶上。产卵处叶表略隆起，对光后则一粒一粒的卵粒清晰可见。在水稻孕穗期的稻株上，其产卵情况与禾蓟马相似，产卵于剑叶叶鞘内侧中肋附近的组织内。

### （四）防治方法

**1. 农业防治**　清除菜田及周围杂草，减少越冬虫口基数，加强田间管理，减轻危害。

**2. 物理防治**　利用蓟马对绿色、黄色的趋性，可采用黄色或绿色诱虫板对蓟马进行诱集，效果较好。每亩放置 25 厘米×40 厘米粘虫板 30 块，悬挂高度与花生株高相当。

**3. 化学防治**　定苗后百株有虫 15～30 头或真叶前百株有虫 10 头、真叶后百株有虫 20～30 头，喷洒 50％辛硫磷乳油或 35％伏杀磷乳油 1 500 倍液、44％速凯乳油 1 000 倍液、10％除尽乳油 2 000 倍液、1.8％爱比菌素 4 000 倍液、35％赛丹乳油 2 000 倍液。此外，可选用 2.5％保得乳油 2 000～2 500 倍液或 10％吡虫啉可湿性粉剂 2 000 倍液、10％大功臣可湿性粉剂每亩有效成分 2 克、44％多虫清乳油 30 毫升兑水 60 千克喷雾。

## 四、花生叶螨

花生叶螨统称红蜘蛛，俗称火龙。危害花生的叶螨主要有朱砂叶螨和二斑叶螨。朱砂叶螨又称红叶螨；二斑叶螨又称棉叶螨、白蜘蛛。

### （一）分布与危害

花生叶螨个体发育包括卵、幼螨、第一若螨、第二若螨和成螨 5 个时期。除卵外，其他时期皆可造成危害。一般情况下，北方的优势种是二斑叶螨，南方为朱砂叶螨。二斑叶螨和朱砂叶螨在全国各花生产区均有发生，除危害花生外，还危害棉花、大豆、芝麻、玉米、谷子、高粱及蔬菜、果树等多种作物。花生叶螨繁殖扩散速度很快，夏季高温季节，每头雌螨产卵可达 50～100 粒，7～8 天就可完成 1 代，1 年可完成 12～15 代，南方地区可以完成 20 代以上。花生叶螨群集于花生叶背面刺吸汁液，受害叶片正面初为灰白色，逐渐变黄，严重者叶片干枯脱落，影响花生生长，导致严重减产。

## （二）形态特征

二斑叶螨，雌成虫身体呈椭圆形，长 0.43～0.53 毫米，宽 0.31～0.32 毫米，除越冬代滞育个体体色呈橙红色外，均呈乳黄色或黄绿色。该螨体躯两侧各有 1 块黑斑，其外侧三裂，内侧接近体躯中部呈横"山"字形。雄虫身体略小，长 0.37～0.42 毫米，宽 0.19～0.22 毫米；体末端尖削，体色与雌螨相同。若螨前期近卵圆形，色逐渐变深，体背出现色斑，足 4 对，后期与成螨相似。幼螨和若螨身体均呈乳黄色或黄绿色。

朱砂叶螨的雌螨背面呈卵圆形，体长 0.42～0.56 毫米，宽 0.26～0.36 毫米，体色呈红色或淡红色，体躯两侧各有黑斑 1 个，其外侧三裂，内侧接近体躯中部。雄螨背面观呈菱形，比雌螨小。

二斑叶螨与朱砂叶螨极为相似，区别在于二斑叶螨体色呈淡黄色或黄绿色，危害花生期间无红色个体，肉眼辨别近白色，俗称"白蜘蛛"。

孵化幼螨只有 3 对足，眼点红色。幼螨蜕皮 2 次变为若螨，有 4 对足。

## （三）生活习性

叶螨 1 年发生 10～20 代，以雌成螨在土缝、杂草、枯枝落叶中或树皮下越冬，常吐丝结网成群潜伏。除自身爬行外，还可借风雨、鸟兽和机具等传播，也可随种苗远距离扩散。翌春气温 10℃以上，冬螨开始大量繁殖，在杂草等寄主上繁殖 1～2 代后，于 4 月下旬至 5 月中旬迁入花生地。在河南、山东等地，6～7 月为发生盛期，降雨到来后危害减轻，8 月若天气干旱可再次大发生。9月中下旬花生收获后迁往冬季寄主，10月下旬开始越冬。

### （四）防治方法

**1. 农业防治** 合理轮作，避免叶螨在寄主间相互转移危害。花生收获后及时深翻，既可杀死大量越冬的叶螨，又可减少杂草等寄主植物。清除田边杂草，消灭越冬虫源。

**2. 化学防治** 当花生田间发现发病中心或被害虫率达到20％以上时，要及时喷药防治，喷药要均匀，一定要喷到叶背面。另外，对田边的杂草等寄主植物也要喷药，防止其扩散。具体方法是：对朱砂叶螨单一发生地块可用15％扫螨净乳油2 500～3 000倍液，或73％克螨特乳油1 000倍液，或20％灭扫利乳油2 000倍液等均匀喷雾；朱砂叶螨和二斑叶螨混发地块用1％阿维菌素乳油3 000倍液，或1.6％齐墩螨素乳油2 000倍液，或0.9％爱福丁乳油600～800倍液，或5％尼索朗乳油2 000倍液，或5％霸螨灵乳油2 500倍液喷雾防治。

值得注意的是，使用化学防治方法，极易产生抗药性。因此，提倡不同药剂交替施用。

## 五、小菜蛾

鳞翅目菜蛾科，别名小青虫、两头尖。世界性迁飞害虫，主要危害甘蓝、紫甘蓝、青花菜、薹菜、芥菜、花椰菜、白菜、油菜、萝卜等十字花科植物。

### （一）分布与危害

初龄幼虫仅取食叶肉，留下表皮，在菜叶上形成一个个透明的斑，俗称"开天窗"。3～4龄幼虫可将菜叶食成孔洞和缺刻，严重时全叶被吃成网状。在苗期常集中在心叶危害，影响包心。在留种株上，危害嫩茎、幼荚和籽粒。

### （二）形态特征

**1. 成虫** 体长6～7毫米，翅展12～16毫米，前后翅细长，缘毛很长，前后翅缘呈黄白色的波浪纹，两翅合拢时呈 3 个接连的菱形斑，前翅缘毛长并翘起如鸡尾，触角丝状，褐色有白纹，静止时向前伸。雌虫较雄虫肥大，腹部末端圆筒状，雄虫腹末圆锥形，抱握器微张开。

**2. 卵**　椭圆形，稍扁平，长约 0.5 毫米，宽约 0.3 毫米，初产时淡黄色，有光泽，卵壳表面光滑。

**3. 幼虫**　初孵幼虫深褐色，后变为绿色。末龄幼虫体长 10～12 毫米，纺锤形，体节明显，腹部第 4～5 节膨大，雄虫可见 1 对睾丸。体上生稀疏长而黑的刚毛。头部黄褐色，前胸背板上有淡褐色无毛的小点组成 2 个 "U" 形纹。臀足向后伸超过腹部末端，腹足趾钩单序缺环。幼虫较活泼，触之，则激烈扭动并后退。

**4. 蛹**　长 5～8 毫米，黄绿色至灰褐色，外被丝茧极薄如网。

### （三）生活习性

全国各地普遍发生，1 年生 4～19 代不等。在北方发生 4～5 代，长江流域 9～14 代，华南 17 代，台湾 18～19 代。在北方以蛹在残株落叶、杂草丛中越冬；在南方终年可见各虫态，无越冬现象。全年内危害盛期因地区不同而不同，东北、华北地区以 5～6 月和 8～9 月危害严重，且春季重于秋季。在新疆则 7～8 月危害最重。在南方以 3～6 月和 8～11 月为发生盛期，而且秋季重于春季。成虫昼伏夜出，白昼多隐藏在植株丛内，日落后开始活动。有趋光性，以 19:00～23:00 是扑灯的高峰期。成虫羽化后很快即能交配，交配的雌蛾当晚即产卵。雌虫寿命较长，产卵历期也长，尤其越冬代成虫产卵期可长于下一代幼虫期。因此，世代重叠严重。每头雌虫平均产卵 200 余粒，多的可达约 600 粒。卵散产，偶尔 3～5 粒在一起。幼虫性活泼，受惊扰时可扭曲身体后退；或吐丝下垂，待惊动后再爬至叶上。小菜蛾发育最适温度为 20～30℃。早春发生较轻，春季和夏季发生较严重。此虫喜干旱条件，潮湿多雨对其发育不利。此外，若十字花科蔬菜栽培面积大、连续种植或管理粗放，都有利于此虫发生。在适宜条件下，卵期 3～11 天，幼虫期 12～27 天，蛹期 8～14 天。

### （四）防治方法

**1. 农业防治**　合理布局，尽量避免大范围内十字花科蔬菜周年连作，以免虫源周而复始，对苗田加强管理，及时防治。收获后，要及时处理残株败叶可消灭大量虫源。

**2. 物理防治**　小菜蛾有趋光性，可放置黑光灯诱杀小菜蛾，以减少虫源。

**3. 生物防治**　采用生物杀虫剂，如 Bt 乳剂 600 倍液、甘蓝夜蛾核型多角体病毒 600 倍液可以使小菜蛾幼虫感病致死。

**4. 化学防治**　灭幼脲 700 倍液、25％快杀灵 2 000 倍液、24％万灵 1 000 倍液（该药注意不要过量，以免产生药害，同时不要使用含有辛硫磷、敌敌畏成分的农药，以免"烧叶"）、5％卡死克 2 000 倍液进行防治，或用福将（10.5％的甲维氟铃脲）1 000～1 500 倍液喷雾。注意交替使用或混合配用，以减缓抗药性的产生。

## 六、新黑地珠蚧

新黑地珠蚧属昆虫纲半翅目蚧总科珠蚧科，又称乌黑新珠蚧，俗称钢子虫、黑弹虫等，是近年来新发生的一种地下害虫。主要分布在河南、河北、山东、陕西等地的沙壤土质花生产区。20 世纪 90 年代以来，新黑地珠蚧发生危害呈蔓延加重趋势。除危害花生外，还可危害大豆、绿豆、豇豆、赤豆、蓖麻、半夏、棉花、三棱草、小飞蓬、灰绿藜、碱蓬、苜蓿、反枝苋、马齿苋等植物。

### （一）分布与危害

新黑地珠蚧以 1～2 龄幼虫聚集在花生根部危害，主要刺吸根部营养，导致侧根减少、根系衰弱、变黑腐烂、结果少且瘪；

少量刺吸花生荚果，造成果实表皮发黑，果仁秕小。受害植株地上部呈缺水缺肥状，轻者生长不良，黄弱矮小，叶片自下而上变黄脱落，重者枯萎死亡。春播花生花针期开始受害，间套夏花生幼苗期即可受害，结荚期达到高峰。被害植株前期症状不明显，开花后逐渐严重，饱果期普遍显症。一般单穴（株）根部有幼虫10～50头，多者可达500多头。对花生产量和品质危害极大，平均单株有虫约5头、10头、15头、20头，分别可致荚果减产约10%、15%、50%、70%。受害田块轻者减产10%～30%，重者可达50%以上，甚至绝收。

### （二）形态特征

**1. 成虫**　雌成虫近椭圆形，乳白色，体柔软粗壮，长4～9毫米，宽3～7毫米，无翅，背面向上隆起，腹面较平；体表多皱褶，密被黄褐色柔毛，前足间毛长且密；触角6节，短粗塔状，眼和口器退化；足3对，很短，前足为开锯足，发达坚硬，黑褐色。雄成虫黑褐色，体长2～3毫米；头小，复眼大，朱红色，触角7节，黄褐色，栉齿状，口器退化；前足粗壮，中后足较长；前翅发达，前缘黄褐色，后缘臀角处有1个指状突出物，翅脉为2条不明显的纵脉，后翅退化为平衡棒；前胸背板宽大，黑褐色，前缘白色，两侧生有许多褐色长毛；中胸背板褐色，前盾片隆起呈圆球形，盾片中部套折形成1横沟，翅基户片1对；腹部各节背面各有1对褐色横片，第6～7腹节横片狭小，各有1管状蜡腺，腹末有一束长2～4毫米的白色蜡丝。

**2. 卵**　椭圆形，大小约0.5毫米×0.3毫米，初产时乳白色，外附有白色蜡粉，随胚胎发育颜色渐深，孵化前顶端可见1对红色眼点。

**3. 幼虫**　雄性3龄，雌性2龄。1龄体长椭圆形，淡黄褐色，大小约1毫米×0.5毫米；眼红色，触角粗短，6节，口器发达；足3对，前足粗壮，中后足细长；腹部末端有2条尾丝。

2龄体圆珠状，黑褐色而坚硬，体表被白蜡层。雄性直径约2毫米，雌性直径3～6毫米。3龄形状与雌成虫相似，长约2.5毫米，触角明显变宽，前足僵直。

**4. 雄蛹**（目前无雌蛹的相关报道） 体长而略扁，长约3毫米，初为乳白色，后变为灰白色至黄褐色；眼点朱红色，触角、足、翅芽均裸露，前足粗大而突伸，第6～7腹节背中央有多个蜡腺，呈带状排列。

## （三）生活习性

新黑地珠蚧1年发生1代，以2龄雄圆珠状幼虫在6～20厘米深的土壤中越冬。越冬雄虫于4月上旬开始脱壳变为3龄幼虫，盛期4月中旬至5月上旬；4月上旬幼虫开始化蛹，盛期4月下旬至5月中旬；4月下旬开始羽化为雄成虫，盛期5月中旬至6月上旬。越冬雌虫于4月下旬开始蜕壳变为雌成虫，盛期为5月中下旬。5月中旬雌虫开始产卵，盛期6月上中旬。6月上旬卵开始孵化，6月中旬至7月上旬为卵孵化及1龄幼虫盛期。7月下旬至8月上旬是2龄幼虫危害盛期。重发生地块，7月下旬即有零星死棵，8月死棵明显增多，可成片死亡。9月花生收获时，大量虫体从根系上脱落，留在土壤中越冬，少量随花生棵带出田外，或混入种子、粪肥中越冬，向外传播。

成虫羽化后即可交配，在土表层活动，有1雌与多雄交配的习性和孤雌生殖特性。雄成虫可短距飞行，交配后不久死亡，雌虫交配后7～14天产卵，卵成堆产于土室内，外被白色蜡质絮状物，多分布在8～12厘米深土层中，每雌产卵108～1 215粒，多为200～400粒，平均约338粒。雌虫寿命1～23天、卵期9～30天。1龄幼虫爬行迅速，15:00～16:00最活跃，找到寄主后，钻入土中5～15厘米深处，固定在花生根部刺吸汁液。蜕皮后变为2龄幼虫，触角和足等退化，失去活动能力，分泌蜡质物，体色变深，逐渐变成圆珠状。圆珠状幼虫抗逆性强，历期长达约260天，并可休眠2～3年。3龄幼虫期3～7天，前蛹期3～7

天，蛹期 6～13 天。

新黑地珠蚧喜干怕湿，干燥疏松的土壤环境适于其发生。4月中旬至 5 月上旬气温高、湿度适宜，则发生早，若干旱少雨，则不利于脱壳后的虫体成活；6 月中旬至 7 月上旬，田间缺水干旱，对成虫羽化、卵孵化和 1 龄幼虫寻找寄主有利，若雨日多、降水量大，则发生减轻。沙土地较壤土、黏土地发生重。重茬连作、管理粗放、田间杂草多的地块，发生严重。

### （四）防治方法

**1. 农业防治**　轮作倒茬是最简单有效的防治方法，花生与小麦、玉米、芝麻、甘薯、瓜类等作物实行轮作，重发生地块可实行 3～5 年轮作，或水旱轮作效果更佳；6 月结合中耕除草，消灭杂草寄主，破坏土室，杀伤部分成虫和 1 龄幼虫；6 月中旬至 7 月上旬，天气干旱、少雨时，要适时浇水，结合化学防治效果更好。

**2. 化学防治**　新黑地珠蚧可在播种期和生长期进行防治，可兼治地下害虫等。其中，1 龄幼虫期是化学防治的最佳时期和关键时期。

（1）播种期土壤处理。整地时，每亩可选用 5％涕灭威颗粒剂 3～6 千克，拌细土 30～40 千克，或均匀混于有机肥中，撒施于地面，然后犁地整地。播种时，每亩可选用 10％二嗪磷颗粒剂 1～1.5 千克，或 3％甲基异柳磷颗粒剂 4～6 千克，或 5％甲拌磷颗粒剂 2～4 千克等，混配细土 20～40 千克，制成毒土，撒施于播种沟或穴内，然后覆土播种。也可选用 30％毒·辛微囊悬浮剂 800～1 500 毫升，或 30％辛硫磷微囊悬浮剂 1 000～1 500毫升，或 40％三唑磷乳油 1 000～1 500 毫升，加细土或水 30～40 千克，制成毒液，撒施或喷雾于种沟、种穴内，或进行 15～25 厘米宽的混土带施药、覆膜。

（2）种子处理。播种前，按药种比，可选用 600 克/升吡虫啉微囊悬浮种衣剂 1∶（200～300），或 8％氟虫胺悬浮种衣剂

1：（40～80），或 15％甲拌·多菌灵悬浮种衣剂 1：（40～50）等包衣或拌种。或者按种子重量，可选用 0.3％～0.6％的 30％噻虫嗪种子处理悬浮剂，或 2.8％～4％的 25％甲·克悬浮种衣剂，或2.5％～4％的 30％毒·辛微囊悬浮剂等包衣或拌种。

（3）药剂防治。生长期防治成虫（5 月中旬至 6 月上旬）及1 龄幼虫（6 月中旬至 7 月上旬）：每亩可选用 3％甲基异柳磷颗粒 4～6 千克，或 2％高效氰氯菊酯颗粒剂 2.5～3.5 千克，或3％辛硫磷颗粒剂 5～8 千克，制成毒土，顺垄撒施。或者每亩选用 40％甲基异柳磷乳油 300～500 毫升，或乐果乳油 400～600毫升，或 50％马拉硫磷乳油 300～600 毫升，或 30％毒·辛微囊悬浮剂 400～800 毫升等，拌细土 30～40 千克，撒施田间；或者加水稀释 800～1 500 倍，喷洒花生茎基部及地表，使药液淋溶到根际，或者灌根，每穴喷淋浇灌药液 200～300 毫升。施药后浇水，或者抢在雨前施药，可提高防治效果。平畦栽培的地块，也可选用上述液体药剂，加适量水稀释后，在灌溉时顺水冲施，施药量比灌根药量要增加 1～2 倍。发生严重的田块，可在 7～10 天后，再防治 1 次。

# 七、金针虫

金针虫属昆虫纲鞘翅目叩头甲科昆虫幼虫的统称，又称叩头虫、土蚰蜒、芨芨虫、钢丝虫、蛴虫等，是一类世界性的地下害虫。我国主要有沟金针虫、细胸金针虫和褐纹金针虫等。沟金针虫主要分布在长江流域以北、辽宁以南、甘肃以东的广大地区；细胸金针虫分布在北起黑龙江、内蒙古、新疆，南至福建、广西、云南的广大地区，以淮河以北的东北、华北和西北各地发生较多；褐纹金针虫主要分布在河北、河南、山西、陕西、甘肃、湖北、广西、云南等地。

## （一）分布与危害

金针虫属于多食性地下害虫，寄主有各种农作物、林果及花卉等,幼虫生活在土中,取食植物的地下幼嫩部分。成虫在地上部活动时间不长,只取食一些禾本科和豆科作物的嫩叶,危害不严重。金针虫危害花生,取食刚播种下的花生种子、幼芽、地下茎、根系,被害部位不整齐、呈丝状,导致种子不能发芽、幼苗枯萎死亡,严重的造成缺苗断垄,甚至全田毁种;花生结荚后,钻蛀花生荚果,造成减产。所致伤口易被病菌侵入,加重果腐病等危害。

## (二)形态特征

### 1. 沟金针虫

(1)成虫。栗褐色,无光泽,密生刻点,密被金黄色细毛。头部扁平,头顶呈三角形凹陷。前胸背板前狭后宽,宽大于长,后缘角突出外方。雌虫体扁平,体长 14～17 毫米,宽 4～5 毫米;触角 11 节,黑色,锯齿状,长约为前胸的 2 倍;前胸背板发达,呈半球状隆起,中央有微细纵沟;鞘翅长约为前胸的 4 倍,其上纵沟不明显,后翅退化。雄虫体狭长,体长 14～18 毫米,宽约 3.5 毫米;触角 12 节,丝状,长达鞘翅末端;鞘翅长约为前胸的 5 倍,其上纵沟明显,有后翅;足细长。

(2)卵。近椭圆形,长约 0.7 毫米,宽约 0.6 毫米,乳白色。

(3)幼虫。老熟幼虫金黄色,宽而扁平,头部和尾节暗褐色。体长 20～30 毫米,宽 4～5 毫米。各体节宽大于长,从头部至第 9 腹节渐宽。体壁坚硬而光滑,有黄色细毛,尤以两侧较密。头扁平,上唇三叉状突起。胸、腹部背面中央有条细纵沟。尾节背面有近圆形凹陷,并密布粗相刻点,两侧缘隆起,有 3 对锯齿状突起,尾端分叉,并稍向上弯曲,两叉内侧各有 1 小齿。腹面布满长刚毛,肛支柱与背面有一明显的皱痕分开。肛支柱基部有 2 条明显的横纹,基部有一圈小刚毛。

(4)蛹。裸蛹,纺锤形,末端瘦削,有刺状突起。初淡绿色,后变褐色。雌蛹长 16～22 毫米,宽约 4.5 毫米,触角长至后胸后缘;雄蛹体长 15～17 毫米,宽约 3.5 毫米,触角长达第

7 腹节。

**2. 细胸金针虫**

（1）成虫。体长 8～9 毫米，宽约 2.5 毫米。体细长，暗褐色，有光泽，密生灰色短毛。触角细短，红褐色，第 2 节呈球形。前胸背板略呈圆形，长大于宽，后缘角尖锐伸向后方。鞘翅长约为头胸部的 2 倍，末端趋尖，上有 9 条纵列刻点。足赤褐色。

（2）卵。圆形，直径 0.5～1.0 毫米，乳白色。

（3）幼虫。老熟幼虫淡黄色，体长约 32 毫米，宽约 1.5 毫米，细长圆筒形，有光泽。头部扁平，口器深褐色。第 1～8 腹节略等长，各节长大于宽。尾节圆锥形，背面近前缘两侧各有 1 个褐色圆斑和 4 条褐色纵纹。

（4）蛹。裸蛹，长纺锤形，体长 8～9 毫米。初乳白色，后逐渐加深变黄色。羽化前复眼黑色，口器淡褐色，翅芽灰黑色。尾节末端有 1 对短锥状刺，向后呈钝角岔开。

**3. 褐纹金针虫**

（1）成虫。体长 8～10 毫米，宽约 2.7 毫米。体细长，黑褐色，有灰色短毛，头部黑色，向前凸，密生刻点；触角暗褐色，第 2、3 节呈近球形，第 4 节较第 2、3 节长，第 4～10 节呈锯齿状。前胸背板黑色，刻点物头部小，后缘角向后突。鞘翅狭长，为胸部的 2.5 倍，黑褐色，上有 9 条纵列刻点。腹部暗红色，足暗褐色。

（2）卵。初产时椭圆形，长宽约 0.6 毫米×0.4 毫米，白色微黄，孵化前呈长卵圆形，一端略尖，长宽约 3 毫米×2 毫米。

（3）幼虫。共 7 龄。老熟幼虫棕褐色，有光泽，细长圆筒形，体长 25～30 毫米，宽 1.7～2.3 毫米。第 1 胸节、第 9 腹节红褐色。头梯形扁平，上有纵沟和小刻点。第 2 胸节至第 8 腹节体背中央有细纵沟和微细刻点，第 1 胸节长略小于另两胸节长度之和，第 2 胸节至第 8 腹节的前缘两侧，均有深褐色新月形网纹。第 9 腹节长、扁平且尖，骨化程度高，背面前缘有半月形斑2 个，前部有纵纹 4 条，后半部有皱纹且密生粗大刻点，末端有3 个小突起，略上翘。肛支柱基部有 2 条明显的横沟，肛支柱基节基部有一圈刚毛。

（4）蛹。裸蛹，长纺锤形，体长 9～12 毫米。初乳白色，后变黄色，羽化前棕黄色。前胸背板前缘两侧各斜竖 1 根尖刺。尾节末端具有 1 根粗大臀刺，着生有斜伸的两对刺。

### （三）生活习性

**1. 沟金针虫**　一般 3 年发生 1 代，少数 2 年或 4～6 年发生1 代，以幼虫、成虫在土中越冬，世代重叠严重。在陕西、北京等地，越冬成虫于 3 月上旬开始出土，3 月中旬至 5 月中旬为活动盛期。3 月下旬至 6 月上旬为产卵期，5 月上中旬为卵孵盛期。幼虫孵化危害至 6 月底下移越夏，9 月中下旬又上升到表土层活动，危害至 11 月上中旬，11 月下旬开始在土壤深层越冬。翌年3 月初，越冬幼虫开始新的危害，随后越夏、秋季危害、越冬。直到第 3 年 8 月下旬幼虫老熟化蛹，成虫于 9 月上中旬羽化，当年不出土，仍在原土室中越冬，第 4 年春才出土活动。3 月下旬至 5 月上旬、9 月下旬至 10 月下旬为幼虫的危害盛期。在河南南部，越冬成虫 2 月下旬即开始活动，盛期 3 月中旬至 4 月中旬，幼虫危害盛期 3 月下旬至 4 月下旬，秋季危害较轻。

越冬成虫在 10 厘米地温约 10℃时开始出土，10～15℃时达到活动高峰。成虫昼伏夜出，白天潜伏在表土、杂草或土块下，夜间出土交配产卵。雄虫不取食，善飞翔，有趋光性，交配后3～5 天即死亡；雌虫咬食少量叶片，有假死性，无趋光性，行动迟缓，不能飞翔，只在地表或作物上爬行，一般多在原地交尾产卵，卵散产在土层 3～7 厘米深处，单雌产卵 32～166 粒，平均约 94 粒，雌虫寿命约 220 天，卵期 33～59 天，平均约 42 天。初孵幼虫长约 2 毫米，受土壤水分、食料等环境条件影响，田间幼虫发育很不整齐，在食料充足时，当年可长至 15 毫米以上。

幼虫活动适宜土壤湿度 15%～25%，随地温和土湿变化上下移动危害，平均 10 厘米地温，春季上升到 6.7℃时开始活动，9.2℃时开始危害，15.1～16.6℃时危害最盛，19.1～23.3℃时幼虫渐趋 13～17 厘米深土层栖息，28℃以上时下移至深土层越夏，秋季降至 17.8℃时开始到表土层危害、6.0℃时开始下移越冬，1.5℃时多在 27～33 厘米土层越冬。幼虫期长达 2 年半以上，蜕皮 10～15 次，老熟幼虫在 15～20 厘米土层做土室化蛹，蛹期 12～20 天，平均 16 天。

沟金针虫适生于干旱地，以旱作区有机质较贫乏、土质疏松的粉沙壤土和粉沙黏壤土地发生较重。早春多雨、土壤湿润，对其发生有利；如春季雨水偏多、表土过湿，幼虫向下移动，停止危害，对成虫活动也不利。干旱年份，土表水分缺乏，不利于其活动。间作、套作，土壤翻耕少，对金针虫发生有利。由于沟金针虫雌成虫活能力弱，扩散危害受限，因此高密度地块一次防治后，在短期内种群密度不易回升。

**2. 细胸金针虫**　在河北、陕西、河南等地大多 2 年发生 1 代，甘肃武威、内蒙古、东北一带大多 3 年发生 1 代，以成虫、幼虫在 20～50 厘米土中越冬。在陕西，3 月上中旬越冬成虫开始出土活动，4 月中下旬活动盛期，6 月中旬为末期。4 月下旬开始产卵，5 月上中旬为产卵盛期。5 月中旬卵开始孵化，5 月下旬至 6 月上中旬为孵化盛期。幼虫孵化后即取食危害，5 月中下旬危害最烈，7 月上中旬下移至土壤深处越夏，9 月中下旬上移危害，12 月下旬下移至深土层越冬，翌年 2 月中旬越冬幼虫即开始上升到表土层危害。6 月下旬老熟幼虫化蛹，7 月中下旬为化蛹盛期。8 月为羽化盛期，成虫羽化后即在土室内蛰伏越冬，至第 3 年春季出土活动。在甘肃武威等地 3 年 1 代区，蛹期、成虫期都较 2 年 1 代区提前约 1 个月，当年羽化的成虫即出土活动，但 8 月下旬后羽化的少数成虫，在越冬后翌年 4～5 月活动。幼虫危害盛期为 3～5 月、9～10 月。

越冬成虫于 10 厘米地温平均 7.6～11.6℃、气温 5.3℃时开始出土活动，地温 15.6℃、气温约 13℃时为活动盛期。成虫昼伏夜出，有假死性和强叩头弹跳能力，趋光性弱，对新鲜而略萎蔫的杂草及作物枯枝落叶等腐烂发酵气味有极强的趋性，常群集于草堆下。成虫出土活动时间约 75 天，产卵前期约 40 天，产卵期 39～47 天。单雌产卵 16～74 粒，多为 30～40 粒。卵多散产于 0～3 厘米表土层内。卵期 14～36 天。幼虫活泼，有自残习性，活动适宜温度较低、土壤湿度 20%～25%，春季危害早，秋后入蛰迟，危害期较长。幼虫随地温变化上下移动危害，平均 10 厘米地温，春季上升到 4.8℃开始活动，7～13℃时危害最盛，超过 17℃时下移至土壤深处越夏，秋季降至 14℃时上移危害，地温降至 3.5℃、气温降至 13℃时，下移至 15～50 厘米深土层越冬。幼虫期 405～958 天，老熟幼虫在 15～30 厘米深处做土室化蛹，预蛹期 4～11 天，蛹期 8～22 天。

细胸金针虫喜低温潮湿和微酸性的土壤环境，以水浇地、较湿的低洼地、河流沿岸的淤地、有机质较多的黏土地带危害较重。在滨湖和低洼地区洪水过后，受害特重，短期浸水对其危害有利。

**3. 褐纹金针虫**　在陕西 3 年发生 1 代，以成、幼虫在土中越冬。5 月上旬，当旬均 10 厘米地温 17℃、气温 16.7℃时，越冬成虫开始出土；地温升至 20℃、气温 18℃、相对湿度约 60%时，大量出土活动。成虫活动期 5～6 月，盛期 5 月中旬至 6 月上旬。产卵期 5 月下旬至 6 月下旬，卵盛期 6 月上中旬。幼虫在春、秋两季危害最盛。4 月上中旬，旬均 10 厘米地温 9.1～12.1℃时，幼虫开始上移危害，危害盛期 4 月下旬至 5 月下旬。6～8 月，幼虫下移深土层越夏。9 月上中旬，地温降至 16～18℃时，幼虫又上移危害。10 月下旬，地温约 8℃，幼虫开始下移越冬。幼虫越冬 2 次，当年卵孵幼虫以 3～4 龄越冬，翌年以 5～7 龄幼虫越冬，第 3 年 7～8 月幼虫老熟化蛹，成虫羽化后即在土中越冬，第 4 年春才出土活动。

成虫昼出夜伏，14:00～16:00 活动最盛，多在植株上部叶片上停留，夜间多潜入 10 厘米深土层内或隐藏在土块、枯草下、土缝里或叶背等处，有假死性和强叩头弹跳能力。成虫喜温湿环境，下午活动最盛，适宜温度 20～27℃、相对湿度 52%～90%。成虫寿命 250～300 天，平均约 288 天，卵散产在植株根际 10 厘米深的土层内，卵期 16 天。幼虫多在 20 厘米以下土层越夏、40 厘米以下土层越冬，老熟幼虫在 20～30 厘米深处做土室化蛹，蛹期 14～28 天，平均 17 天。

褐纹金针虫以水浇地、有机质丰富、土质疏松的地块发生较多。成虫发生期，日降水量在 4 毫米以上或有连日降水，对其发生很有利；在干旱情况下若遇降水，会导致成虫数量突增，发生盛期和高峰期出现在降水后 1～2 天；若遇干旱，生期缩短，发生量降低；若温度偏低，则出土始期推迟。

### （四）防治方法

**1. 农业防治** 提倡花生与棉花、芝麻、油菜、麻类等直根系作物轮作、水旱轮作效果更佳。在深秋或初冬翻耕土地、实行精耕细作做好翻耕晾晒。加强田间管理，施腐熟的有机肥，合理灌水，在金针虫春季开始危害时浇水，迫使害虫向土层深处转移，清除田间杂草，减轻危害。

**2. 物理防治** 利用金针虫雄成虫的趋光性，于成虫发生期，使用频振式杀虫灯、黑光灯等诱杀。

**3. 生物防治** 金针虫天敌有蜘蛛、鸟雀、真菌等，注意保护利用自然天敌。利用细胸金针虫成虫对杂草的趋性，于成虫发生期，在田间畦埂周边、堆集 10～15 厘米厚的新鲜略萎蔫的酸模、夏至草等杂草堆，每亩 40～50 小堆，在草堆内撒入触杀性药剂，诱杀成虫。

**4. 化学防治** 花生田金针虫达到 1 000 头/亩或 1.5 头/平方米时，需要采取化学防治措施，可兼治蛴螬和蝼蛄等地下害虫。

（1）种子处理。播种前，按种子重量，可选用 0.3%～0.4%的 600 克/升吡虫啉悬浮种衣剂，或 2%～4%的 5%氟虫腈悬浮种衣剂，或 4%～5%的 20%甲·克悬浮种衣剂等包衣或拌种。按药种比，可选用20%吡虫·氟虫腈悬浮种衣剂 1∶（60～100），或38%多·福·克悬浮种衣剂药种比 1∶（60～80）等种子包衣或拌种。

（2）种穴处理。播种时，每亩可选用 10%二嗪磷颗粒剂 1 000～1 500 克，或 5%辛硫磷颗粒剂 4 000～5 000 克，或 3%甲基异柳磷颗粒剂 4 000～6 000 克，拌毒土等沟施或穴施。

（3）土壤处理。成虫活动和幼虫危害期，每亩可选用 3%辛硫磷颗粒剂 6 000～8 000 克，或 2%高效氯氰菊酯颗粒剂 2 500～3 500 克，或 3%阿维·吡虫啉颗粒剂 1 500～2 000 克等，撒施花生根际。或者选用 30%毒·辛微囊悬浮剂 1 000～1 500 毫升，或 30%辛硫磷微囊悬浮剂 1 000～1 500 毫升，或 40%甲基异柳磷乳油 300～500 毫升等，排毒土撒施花生根际，施药后浅锄入土。也可选用 50%马拉硫磷乳油 1 000 倍液，或 40%乐果乳油 1 000倍液，或 90%敌百虫晶体 800 倍液，或 30%毒·辛微囊悬浮剂1 000～1 500 倍液等灌根，施药后浇水或抢在雨前施药，效果更佳。也可选用上述液体药剂在灌溉时顺水冲施，但用药量比灌根要增加 1～2 倍。发生严重的田块，可在 7～10 天后再防治 1 次。

## 八、地老虎

地老虎属昆虫纲鳞翅目夜蛾科，又名土蚕、地蚕、黑地蚕、切根虫等，是一类世界性地下害虫。我国已鉴定有 170 余种，危害花生的种类主要有小地老虎、黄地老虎、大地老虎等。其中，小地老虎分布最广、危害最重，在全国各地普遍发生，以长江流域和东南沿海各地发生最多；黄地老虎分布于除广东、海南、广西外的其他省份，以西北、华北和黄淮地区较多；大地老虎分布较普遍，但主要发生在长江下游沿岸地区。

## （一）分布与危害

地老虎为多食性害虫，可危害棉花、玉米、大豆及蔬菜、中草药、花卉、苗木等多种旱生植物，是作物苗期的主要害虫。1～2龄幼虫危害心叶、生长点或嫩叶，啃食叶肉残留表皮，形成圆形"天窗"或小孔，3龄后幼虫在土中咬食种子、幼芽，可咬断幼苗基部的茎、叶柄，造成缺苗断垄。地老虎危害花生，幼虫咬断花生嫩茎或幼根，使整株死亡，个别还能钻入荚果内取食籽仁。

## （二）形态特征

### 1. 小地老虎

（1）成虫。体长16～23毫米，翅展42～54毫米，触角雌蛾丝状，雄蛾基半部双栉齿状，端半部丝状。前翅暗褐色，内横线、外横线及亚缘线明显，且均为双条曲线，内横线、外横线将全翅分为3段，翅面从内向外各有1个棒状纹、环形纹和肾形纹。肾形纹外面有1个明显的尖端向外的楔形黑斑，亚缘线上有2个尖端向里的楔形斑，3个楔形斑相对。后翅灰白色。翅脉及外缘黑褐色。

（2）卵。半球形，直径0.5～0.6毫米，初产时乳白色，渐变黄色，孵化前顶部变黑。

（3）幼虫。共6龄，少数7～8龄。老熟幼虫体长37～50毫米，头宽3.0～3.5毫米，黄褐色至黑褐色，头部褐色，有不规则褐色网纹。体表密布黑色颗粒状小突起，背部有淡色纵带。腹部1～8节背面各有以上4个毛片，后2个是前2个的2倍以上。臀板黄褐色，上有2条深褐色纵纹。

（4）蛹。长18～24毫米，宽6.5～7.0毫米，红褐色至暗褐色，腹部第4～7节基部有1圈刻点，背面的大而色深，腹末有臀棘1对。

### 2. 黄地老虎

（1）成虫。体长14～19毫米，翅展32～46毫米，触角雌蛾丝状，雄蛾基部 2/3 为双栉齿状，栉齿向端部渐短，端部 1/3 为丝状。前翅黄褐色，散布小黑点，各横线为双条曲线但多不明显，棒状纹、环形纹和肾形纹明显，周围有黑褐色边。后翅灰白色，半透明，翅脉及外缘黄褐色。

（2）卵。半球形，直径约 0.5 毫米，初产时乳白色，渐变淡、紫红色、灰黑色，孵化前变黑。

（3）幼虫。共 6 龄，少数 7 龄。老熟幼虫体长 33～45 毫米，头宽 2.8～3.0 毫米，黄褐色。头部黑褐色，有不规则深褐色网纹。体表多皱纹，表皮颗粒不明显，有光泽。腹部各节背面毛片 4 个，前后 2 个大小相似。臀板中央有 1 条黄色纵纹，将臀板划分为 2 块黄褐色大斑。

（4）蛹。长 15～20 毫米，宽约 7.0 毫米。初为淡黄色，后变为黄褐色、深褐色。第 5～7 腹节背面有很密的小刻点，腹末有臀棘 1 对。

### 3. 大地老虎

（1）成虫。体长 20～30 毫米，翅展 42～52 毫米，暗褐色。雌蛾触角丝状，雄蛾触角双栉齿状，向端部渐短小，几达末端。前翅褐色，前缘自基部至 2/3 处黑褐色；棒状纹、环形纹和肾形纹明显。肾形纹外方有 1 黑色条斑，无楔形黑斑；内横线、外横线均为明显的双条曲线，外缘线呈 1 列黑点。后翅灰黄色，外缘有很宽的黑褐色边。

（2）卵。半球形，直径 0.6～0.7 毫米，初产时浅黄色，渐变米黄色，孵化灰褐色。

（3）幼虫。共 7 龄。老熟幼虫体长 40～60 毫米，黄褐色，体表多皱纹，颗粒不明显，头部褐色，中央有黑褐色纵纹 1 对。腹部 1～8 节背面前后 2 个毛片大小相似。气门长卵圆形黑色。臀板除末端 2 根刚毛附近为黄褐色外，布满龟裂状皱纹。

（4）蛹。长 23～29 毫米，初浅黄色，后变为黄褐色，腹部第 3～5 节明显较粗。腹部第 4～7 节前缘有圆形刻点，背面中央的刻点较大，腹端有臀棘 1 对。

（三）生活习性

**1. 小地老虎**  1 年发生 2～7 代。东北和西北 1 年发生 2～3 代，黄河流域 1 年发生 3～4 代，长江流域 1 年发生 4～5 代，华南和西南 1 年发生 6～7 代。小地老虎是一种迁飞性害虫，各个虫态都不滞育。在南岭以南地区，1 月平均气温高于 8℃，全年繁殖危害，无越冬现象；南岭至北纬 33°地区，以老熟幼虫、蛹和成虫越冬；在北纬 33°以北地区，1 月平均气温低于 0℃，不能越冬，越冬代成虫均由南方迁入，3 月初前后，各地相继出现越冬代成虫，3 月下旬至 4 月上中旬成虫盛发。春夏秋季均有危害，以春季危害严重，第 1～2 代幼虫危害最重。

成虫昼伏夜出，趋光性强，对发酵的酸甜气味和萎蔫的杨树枝把有较强趋性。成虫多在 15:00～20:00 羽化，需取食补充营养，羽化后 1～2 天开始交尾，交尾后第 2 天即产卵，多在羽化 3～5 天后交尾、6～7 天后进入产卵盛期，单雌产卵 800～1 000 粒，多者达 2 000 粒。成虫喜在双子叶杂草较多的低洼潮湿地内产卵，卵散多产在 5 厘米以下矮小杂草及枯茎、根茬、土块上，尤其是贴近地面的叶背或嫩茎上。幼虫期孵化后先取食卵壳，1～2 龄昼夜剥食嫩叶或咬成缺刻，3 龄后白天潜伏在幼苗附近的表土下 2～3 厘米处，夜间出来危害，在 19:00～22:00 及天刚亮露水多时危害严重。幼虫行动敏捷，有假死性，受惊缩成环形，耐饥饿，有自相残杀习性。老熟幼虫多在比较干燥的土壤 6～10 厘米处筑土室化蛹。小地老虎喜温暖及潮湿的条件，不耐高温和低温，高于 30℃、低于 5℃，便会大量死亡，最适发育温度 13～25℃，土壤含水量 15%～25%。在 20℃条件下，成虫期 10～25 天，产卵前期 4～6 天，卵期 5～6 天，幼虫期 20～34 天，蛹期 13～22 天，越冬蛹 150 天。

地势低洼、土壤潮湿、沙质壤土、植被茂密，田间及周缘杂草多、复种指数高、蜜源植物多，适宜小地老虎发生危害。成虫盛发期遇有适量降水或灌水时常导致大发生，但降水过多、土壤湿度过大，不利于幼虫活动。

**2. 黄地老虎**　1年发生2～5代。东北、内蒙古1年发生2代，西北1年发生2～3代，华北1年发生3～4代，黄淮地区1年发生4代，福建1年发生5代。以幼虫或蛹在土壤内越冬，在福建等南方地区无越冬现象。在河北、河南、山东、安徽等地，越冬幼虫于3月上旬开始活动，3月下旬至4月下旬陆续在距土表约3厘米深处，头部向上直立于土室中化蛹，4～5月为越冬代成虫盛期，1代卵高峰期在5月上旬，卵孵化盛期在5月中旬，5月中下旬至6月中旬为1代幼虫危害盛期。春、秋两季危害，春季重于秋季。一般第1代危害最重，华北5～6月、黑龙江6月下旬至7月上旬、新疆5月下旬至6月中旬危害最重。在黄淮地区，黄地老虎较小地老虎发生晚，危害盛期相差15天以上。

成虫昼伏夜出，在高温、无风、空气湿度大的黑夜最活跃，对黑光灯有趋光性，但对糖醋液趋性不明显，喜食洋葱、大葱花蜜补充营养。卵多散产在土面枯草根际处，或产在阔叶杂草及花生、棉花、豆类等幼苗的叶背。单雌产卵300～600粒，多者上千粒。幼虫3龄后潜入土中活动，夜间出土转移危害，自残习性不明显，不耐高温，耐低温，气温降到2℃时才进入越冬期。幼虫越冬前多迁移到田埂、沟渠向阳坡的杂草中，在2～15厘米深的土层中筑土室越冬，以7～10厘米深处最多。各虫态发育历期因温度变化而异，产卵前期3～6天，产卵期5～11天，卵期4～13天，非越冬代幼虫期为25～63天，蛹期10～48天。

黄地老虎多在地势较高的平原地带或比较干旱的季节发生，如播种灌水期与成虫盛期相遇危害就重。秋季雨多、田间杂草量大，常使越冬基数增大，翌年春季雨水适量，发生危害严重。

**3. 大地老虎**　1年发生1代，以2～6龄幼虫在表土或田埂杂草丛下越冬，并以老熟幼虫在土壤中滞育越夏。在长江流域，

3月初气温8～10℃时越冬幼虫开始危害，4月上旬至5月上中旬危害盛期，5月下旬气温高于20.5℃时，幼虫陆续老熟，在土壤3～5厘米深处筑土室滞育越夏，至9月上中旬化蛹，10月上中旬羽化，10月中旬至11月中旬为成虫及卵盛期，10月下旬卵孵化，12月下旬幼虫进入越冬期。在河南，越冬幼虫在4月开始活动，6月中下旬幼虫老熟越夏，至8月下旬化蛹，9月中下旬羽化。

大地老虎成虫趋光性不强，喜食蜜糖液，交尾后第2天开始产卵。卵多散产于土表或幼嫩杂草茎叶上，常几粒或几十粒散聚在一起。单雌产卵648～1 486粒，平均1 000粒。1～3龄的幼虫常在草丛间取食叶片，4龄后白天潜伏于表土下，夜间出土活动，取食时仅将头胸部露出土外，其余部分仍留在土中，粪便全部排在土内。成虫寿命7～15天，产卵前期3～4天，产卵期约10天，卵期7～24天，幼虫期266～324天，蛹期26～35天。越冬幼虫抗低温能力强，在－14℃情况下很少死亡。越冬期间没有滞育和明显休眠现象，如气温上升到6℃以上时，仍能活动取食。幼虫有滞育越夏习性，越夏期间幼虫自然死亡率很高。

秋冬季温暖干旱，生长季温暖多湿或时晴时雨，有利于发生。施氮肥过多，植株幼嫩、贪青徒长、栽培过密、通风透光差、杂草多、管理粗放的地块发生严重。

### （四）防治方法

**1. 农业防治**　实行水旱轮作或发生期灌水，秋季翻田地，曝晒土壤，春播前精细整地。春播出苗前，及时清除田间及周围的杂草、秸秆、残茬等。结合除草，铲掉田埂阳面约3厘米土层，消灭黄地老虎越冬虫蛹。清晨在受害幼苗或残留被害茎叶周围，刨开3～5厘米深的表土即可发现幼虫，进行捕杀；或幼虫盛发期在20：00～22：00捕杀。

**2. 物理防治**　在成虫发生期，使用频振式杀虫灯、黑光灯、糖醋液（糖：醋：酒：水=6：3：1：10或3：4：1：2，加少量敌百虫等杀虫剂)、杨树枝把等诱杀成虫。也可用甘薯、胡萝卜、烂水果等发酵变酸的食物,加入适量杀虫药剂诱杀成虫。在花生田间或畦沟边零星栽植一些大葱、芝麻、谷子等蜜源植物或喜产卵的作物,引诱成虫取食和产卵,然后集中消灭。幼虫发生期,每亩用水浸泡的新鲜泡桐叶或莴苣叶 70~90 片,于傍晚均匀放在田内地面上,翌日清晨检查捕捉幼虫,或在叶片上喷施敌百虫等杀虫剂 100 倍药液诱杀幼虫,一次放叶效果可保持 4~5 天。

**3. 生物防治**　地老虎的天敌主要有寄生蜂、寄生蝇、步甲、虎甲等寄生或捕食性昆虫、蜘蛛、细菌、真菌、线虫、病毒、微孢子虫等,对地老虎的发生有一定的抑制作用,注意保护利用天敌。

**4. 化学防治**　地老虎 1~3 龄幼虫抗药性差,且暴露在寄主植株或地面上,是药液喷雾防治的最佳时期。4~6 龄幼虫,因其隐蔽危害,可使用撒毒土和灌根等方法进行防治。防治指标:百株花生幼苗上有幼虫(或卵)3~6 头(粒)或 0.5~1 头(粒)/平方米,或被害株(穴)率 3%~5%。

(1)种子处理。播种前,按种子重量,可选用 2.8%~4% 的 25%甲·克悬浮种衣剂,或 0.4%~0.5%的 50%氯虫苯甲酰胺悬浮种衣剂等拌种或包衣。按药种比,可选用 3%辛硫磷水乳种衣剂 1∶(30~40),或 20%甲柳·福美双悬浮种衣剂 1∶(40~50)等拌种或包衣。

(2)毒草毒饵诱杀。选用藜、苜蓿、小蓟、苦荬菜、打碗花、艾草、青蒿、白茅、繁缕等地老虎喜食的鲜草或菜叶切碎,或炒香的麦麸、豆饼、花生饼、玉米碎粒等饵料,按青草或饵料量的 0.5%~1%拌入敌百虫晶体或 40%乐果乳油、40%甲基异柳磷乳油等杀虫剂,加适量水拌匀,制成毒草或毒饵傍晚成小堆撒入田间或幼苗周围,每亩撒施毒草 15~20 千克或毒饵 4~5 千克,兼诱杀蝼蛄等害虫。

(3)撒施毒土。每亩可选用 5%二嗪磷颗粒剂 2 000~3 000

克，或 3％辛硫磷颗粒剂 6 000～8 000 克，或 0.2％联苯菊酯颗粒剂 3 000～5 000 克，或 3％阿维•吡虫啉颗粒剂 1 500～2 000 克，或 3％甲•克颗粒剂 4 000～5 000 克等，加细土 20～30 千克拌匀、顺垄撒在幼苗根际；也可选用 30％毒•辛微囊悬浮剂 400～500 毫升，或 40％甲基异柳磷乳油 250～500 毫升等，拌细土 20～30 千克，均匀撒施在幼苗根际附近。

（4）药液灌根。可选用 30％毒•辛微囊悬浮剂 1 000～1 500 倍液，或 50％马拉硫磷乳油 1 000 倍液，或 40％乐果乳油 1 000 倍液，或 90％敌百虫晶体 800 倍液等灌根，或在灌溉时顺水冲施，但用药量比灌根要增加 1～2 倍。

（5）药液喷雾。每亩可选用 25％溴氰菊酯乳油 30～40 毫升，或 24％灭多威可溶液剂 75～100 毫升，或 85％甲萘威可湿性粉剂 120～160 克，或 200 克/升氯虫苯甲酰胺悬浮剂 8～10 毫升，或 10.5％甲维•氟铃脲水分散粒剂 20～40 克等，兑水 50～75 千克，均匀喷雾。也可选用 20％高效氯氟氰菊酯微囊悬浮剂 1 500～2 000 倍液，或 1.8％阿维菌素乳油 1 500～2 000 倍液或 50％杀螟硫磷乳油 1 000～1 500 倍液，或 15％茚虫威悬浮剂 2 000～3 000 倍液，或 20％氰•马乳油 1 500 倍液，或 30％毒•辛微囊悬浮剂 1 000～1 500 倍液等，在傍晚对花生幼苗及地表均匀喷雾，以喷湿地表为度，亩喷液量 50～75 千克。

# 九、棉铃虫

棉铃虫属昆虫纲鳞翅目夜蛾科，俗称钻心虫、棉桃虫等。广泛分布于南纬 50°至北纬 50°，是一种世界性的多食性农业害虫。在我国各地均有发生，以北方较重。寄主植物有粮食、棉麻、油料、蔬菜、林果、中药材、牧草和花卉等 30 多科 200 余种植物。

## （一）分布与危害

棉铃虫危害花生，幼虫主要取食花生幼嫩叶片，也可危害嫩茎、叶柄、花、果针等。1～2 龄幼虫能吐丝缚住未张开的嫩叶，在其中啃食叶肉，或在顶端未展开叶内隐蔽取食，使叶片仅剩下透明的下表皮，呈天窗状；3 龄后幼虫裸露取食上部嫩叶，叶片出现明显的孔洞、缺刻；4～6 龄进入暴食期，可将叶片食光，只剩叶柄，形成光杆。致使果针入土量减少，果重降低，通常损失叶片 10%～20%，重者 50% 以上；一般造成减产 5%～10%，大发生年份造成减产 20% 左右。

### （二）形态特征

**1. 成虫**　体长 14～20 毫米，翅展 30～40 毫米。复眼球形，暗绿色，体色黄褐色、灰褐色、绿褐色及红褐色等。头胸青灰色或淡灰褐色。雌蛾前翅多赤褐色至灰褐色，雄蛾多青灰色至绿褐色，前翅中部近前缘有 1 条深褐色环形纹和 1 条肾形纹，雄蛾比雌蛾明显，外横线有深灰色宽带，带上有 7 个小白点。后翅灰白色或褐色，翅脉深褐色，沿外缘有黑褐色宽带，外缘毛灰白色。

**2. 卵**　近半球形，直径 0.5～0.8 毫米，顶部微隆起。表面布满纵横纹，纵纹从顶部看有 12 条，从中部看有 26～29 条。初产时乳白色，后变黄白色，近孵化时紫褐色。

**3. 幼虫**　通常共 6 龄，少数 5 龄或 7 龄。老熟幼虫体长 40～45 毫米，头部黄褐色，有网纹，腹足趾钩为双序中带。体色变化多，以黄白色、黄绿色、褐色、黑色、绿色等为主。体背有十几条细纵线条，气门线白色、黄白色或淡黄色。一般各体节上有刚毛疣 12 个，刚毛较长。前胸两根侧毛（L1、L2）的连线与前胸气门下端相切或相交，而烟青虫远离。这是两者的主要区别。

**4. 蛹**　纺锤形，长 17～20 毫米。初为淡绿色，渐变为绿褐色、黄褐色至深褐色，有光泽，复眼由淡红色渐变为褐红色。腹部第 5～7 节的背面和腹面有 7～8 排半圆形比体色略深的刻点，尾端有 2 个基部分开的臀刺。气门较大，圆孔片筒状隆起。

## （三）生活习性

棉铃虫 1 年发生 3～8 代，由北向南逐渐增多。其中在北纬 40°以北的辽宁、河北北部、内蒙古、新疆等地 1 年发生 3 代；在北纬 32°～40°的黄淮海流域 1 年发生 4 代；在北纬 25°～32°长江流域年发生 5 代；在北纬 25°以南的华南地区 1 年发生 6～8 代。以蛹在土中越冬。在田间有龄期不齐、世代重叠现象。河南、山东、河北、安徽、江苏北部等地，是花生棉铃虫的重发区，第 2～3 代危害花生，通常 6 月下旬至 7 月上旬第 2 代幼虫危害春花生，7 月下旬至 8 月上旬第 3 代幼虫危害夏花生。

当气温升至 15℃以上时，越冬蛹开始羽化。成虫昼伏夜出，吸食花蜜补充营养，有趋光性和趋化性，对新枯萎的杨树枝叶等有趋性。成虫多在前半夜羽化，羽化当晚即可交配，2～3 天后产卵，每雌产卵约 1 000 粒，最多达 3 000 粒。卵散产，多产于花生植株的嫩尖、嫩叶等幼嫩部位。初孵幼虫有取食卵壳的习性，1～2 龄幼虫有吐丝下垂的习性，3 龄后幼虫有转株危害和自相残杀的习性。老熟幼虫在 3～10 厘米深的土层筑土室化蛹。

在适宜温度 25～28℃、相对湿度 70%～90% 下，卵期 2～4 天，幼虫期 17～22 天，蛹期 13.6～18 天，完成 1 个世代约 30 天。温度高、降水次数多、雨量适中、相对湿度适宜，有利于成虫发生，产卵期延长，发生加重；但暴风雨对卵和幼虫有冲刷作用，土壤湿度过高，蛹死亡率增加，不利于其发生。水肥条件好、施氮肥量大、植叶鲜嫩荫蔽、田间湿度较大，有利于发生；前茬是麦类、绿肥或与玉米邻作的花生田发生严重。田间天敌种类较多，对卵和幼虫有一定的控制作用。

## （四）防治方法

**1. 农业防治**　秋季翻土耙地，冬季灌水，消灭越冬蛹；麦收后及时中耕灭茬，消灭一代蛹，降低成虫羽化率。加强田间管理，清除杂草，合理浇水，适当控制氮肥用量，防止花生徒长，降低棉铃虫危害。成虫产卵叶面喷施 2% 过磷酸钙浸出液，可降低田间的落卵量。

**2. 物理防治**　成虫发生期，使用频振式杀虫灯、黑光灯、高压汞灯诱杀成虫，同时诱杀地老虎、甜菜夜蛾、金龟子等。傍晚在田间摆新鲜玉米叶或插萎蔫杨树枝叶把，每亩 10～15 把，翌日清晨集中捕杀隐藏其内的成虫。使用棉铃虫性诱剂诱捕成虫。在田间地头零星点播棉花、玉米、高粱等形成诱集带，引诱成虫产卵和躲藏，然后集中杀灭。

**3. 生物防治**　注意保护利用天敌、充分发挥天敌的自然控制作用。在卵盛期人工释放赤眼蜂。或在卵孵化盛期至低龄幼虫期，喷洒生物制剂：每亩可选用 8 000 国际单位/毫克苏云金杆菌可湿性粉剂 200～300 克，或 10 亿多角体/克棉铃虫核型多角体病毒可湿性粉剂 80～100 克，或 1.8%阿菌素乳油 60～120 毫升等，兑水 40～60 千克，均匀喷雾；或选用 5%氟铃脲乳油300～600 倍液，或 25%灭幼脲悬浮剂 1 500～2 000 倍液，10%多杀霉素悬浮剂 1 500～2 000 倍液等 40～60 千克，均匀喷雾。

**4. 化学防治**　花生田棉铃虫应以 2～3 代为防治重点，防治指标为 4 头/平方米。防治适期为卵孵盛期至 2 龄幼虫期，以卵孵盛期喷药效果最佳。

每亩可选用 4.5%高效氯氰菊酯乳油 30～50 毫升，或 25 克/升溴氰菊酯乳油 20～40 毫升，或 40%辛硫磷乳油 75～100 毫升，或 40%灭多威可溶性粉剂 45～60 克，或 50 克/升虱螨脲乳油 50～60 毫升，或 20%氰戊·马拉松乳油 50～80 毫升等，兑水 40～60 千克，均匀喷雾。或者每亩选用 35%硫丹乳油 400～500 倍液，或 20%甲氰菊酯乳油 1 000～2 000 倍液，或 10%溴氰虫酰胺可分散油悬浮剂 3 000～4 000 倍液，或 15%茚虫威悬浮剂 3 000～4 000 倍液，或 40%毒·辛乳油 800～1 000 倍液等，对准顶部叶片均匀喷雾，亩喷药液 40～60 千克。每隔 7～10 天喷 1 次，根据虫情酌情喷药 2～3 次，轮换用药，可兼治蚜虫、蓟马、甜菜夜蛾、银纹夜蛾等叶部害虫。

# 第三节 主要草害

杂草不仅与花生争夺养分和水分，影响光照和空气流通、恶化花生的生长生育条件，而且很多杂草又是传播花生病虫的中间寄主。因此，花生田杂草除直接影响花生的生长发育外，还间接影响花生的产量和品质。

花生田杂草种类很多，主要危害花生的有马唐、狗尾草、白茅、马齿苋、野苋菜、藜、铁苋菜、小蓟、大蓟、龙葵、牛筋草、画眉草、地锦等一年生杂草和香附子、小旋花、刺儿菜、节节草等多年生杂草。

防治花生田杂草，是促进花生正常生长发育、提高花生产量和品质的主要措施之一。花生生产中，除草一直是栽培管理上的重要环节。应根据花生田杂草的发生种类、危害特点及相应的耕作栽培措施，因地制宜，分别采取农业措施除草、化学除草剂除草、塑料薄膜除草以及其他新技术措施除草，进行综合搭配防治，效果更好。

## 一、主要杂草种类

**1. 马唐** 俗名"抓地秧""爬地虎"，属禾本科一年生杂草，遍布我国大江南北。在北方花生产区，每年春季 3～4 月发芽出土，至 8～10 月发生数代，茎叶细长，当 5～6 片真叶时，开始匍匐生长，节上生不定根芽，不断长出新茎枝，总状花序，3～9 个指状小穗排列于茎秆顶部，每株可产种子 2.5 万多粒。由于生长快，繁殖力特别强，能夺取土壤中大量的水肥，影响花生生根发棵和开花结实，造成大幅度减产。可采用扑草净、金都尔、拉素等化学除草剂防除。

**2. 狗尾草** 俗称"谷莠子"，属禾本科一年生杂草，在我国南北方的花生产区均有分布。茎直立生长，叶带状，长 1.5～3

厘米，株高30～80厘米，簇生，每茎有一穗状花序，长2～5厘米，3～6个小穗簇生一起，小穗基部有5～6条刺毛，果穗有0.5～0.6厘米的长芒，棒状果穗形似狗尾。每簇狗尾草可产种子3 000～5 000粒，种子在土中可存活20年以上。根系发达，抗旱耐瘠，生活力强，对花生生长影响甚大。可用甲草胺、乙草胺和金都尔等防除。

**3. 蟋蟀草**　俗称"牛筋草"，属禾本科一年生杂草。是我国南北方主要的旱地杂草之一，每年春季发芽出苗，1年可生2茬。夏、秋季抽穗开花结籽，每茎3～7个穗状花序，指状排列。每株结籽4 000～5 000粒，边成熟边脱落，种子在土壤中寿命可达5年以上。根系发达，须根多而坚韧，茎秆丛生而粗壮，很难拔除。耐瘠耐旱，吸水肥能力强。花生受其危害减产很大。可采用甲草胺、扑草净等防除。

**4. 白茅**　俗名"茅草""甜草根"，属禾本科多年生根茎类杂草。有长匍匐状茎横卧地下，蔓延很广，黄白色，每节有鳞片和不定根，有甜味，故名甜草根。茎秆直立，高25～80厘米。叶片条形或条状披针形。圆锥花序紧缩呈穗状，顶生，穗成熟后，小穗自柄上脱落，随风传播。茎分枝能力很强，即使入土很深的根茎，也能发生新芽，向地上长出新的枝叶。多分布在河滩沙土花生产区。由于它繁殖力快，吸水肥能力强，严重影响花生产量的提高。采用恶草灵加大用药量防除，有很好的效果。

**5. 马齿苋**　俗名"马齿菜"，属马齿苋科，一年生肉质草本植物，茎枝匍匐生长，带紫色，叶楔状、长圆形或倒卵形，光滑无柄。花3～5朵，生于茎枝顶端，无梗，黄色。蒴果圆锥形，盖裂种子很多，每株可产5万多粒种子。也是遍布全国旱地的杂草之一。在我国北方，每年4～5月发芽出土，6～9月开花结实。根系吸水肥能力强，耐旱性极强，茎枝切成碎块，无须生根也能开花结籽，繁殖特别快，能严重影响花生产量，要及时消灭。采用乙草胺和西草净等化学除草剂进行地膜覆盖，有较好的防除效果。

**6. 野苋菜** 种类很多，主要有刺苋、反枝苋和绿苋，属苋科，一年生肉质野菜。茎直立，株高 40～100 厘米，有棱，暗红色或紫红色，有纵条纹，分枝和叶片均为互生。叶菱形或椭圆形，俯生或顶生穗状花序。每株产种子 10 万～11 万粒，种子在土壤中可存活 20 年以上。是我国旱地分布较广的杂草之一。北方每年 4～5 月发芽出土，7～8 月抽穗开花，9 月结籽。由于植株高、叶片大、根须多，吸水肥力强，遮光性大，对花生危害严重。地膜栽培时，采用西草净、恶草灵、乙草胺等除草剂均有很好的防除效果。

**7. 藜** 俗名"灰灰菜"，属藜科，是我国南北方分布较广的一年生阔叶杂草之一。在我国北方 4～5 月发芽出苗，8～9 月结籽，每株产籽 7 万～10 万粒。种子可在地里存活 30 多年。由于根系发达、植株高大、叶片多，吸水肥力强，遮光量大，种子繁殖力强，对花生危害特别大。应及时采用乙草胺、西草净、恶草灵防除。

**8. 铁苋头** 俗名"牛舌腺"，属大戟科一年生双子叶杂草。是我国旱地分布较广的杂草之一，在北方春季 3～4 月发芽出苗。虽植株矮小，但生活力强，条件适合时 1 年可生 2 茬，是棉铃虫、红蜘蛛的中间寄主，是危害花生的大敌。应在春季采用化学除草剂防除，随时进行人工拔除，彻底清除。用乙草胺、西草净等化学除草剂，防除效果好。

**9. 小蓟和大蓟** 俗名"刺儿菜"，属菊科多年生杂草。分布全国各地。有根状茎。地上茎直立生长，小蓟株高 20～50 厘米，茎叶互生，在开花时凋落。叶矩形或长椭圆形，有尖刺，全缘或有齿裂，边缘有刺，头状花序单生于顶端，雌雄异柱，花冠紫红色，花期在 4～5 月。主要靠根茎繁殖，根系很发达，可深达 2～3 米，由于其上有大量的芽，每处芽均可繁殖成新的植株，再生能力强。因其遮光性强，对花生前中期生育影响很大，而且也是蚜虫传播的中间寄主植物。可应用乙草、西草净和恶草灵等化学除草剂防除。

**10. 香附子**　又叫"旱三凌""回头青"，属莎草科旱生杂草。分布于我国沙土旱作花生产区。茎直立生长，高 20～30 厘米。茎基部圆形，地上部三棱形，叶片线状，茎顶有 3 个花苞，小穗线形，排列呈复伞状花序，小穗上开 10～20 朵花，每株产 1 000～3 000 粒种子。有性繁殖靠种子，无性繁殖靠地下茎。地下茎分为根茎、鳞茎和块茎，繁殖力特强。该草在我国北方 4 月初块茎、鳞茎和少量种子发芽出苗，5 月大量繁茂生长，6～7 月开花，8～10 月结籽，并产生大量地下块茎，在生长季节，如只锄去地上部株苗，其地下茎 1～2 天就能重新出土，故称"回头青"。繁殖快，生活力强，对花生危害大。可用西草净和扑草净防除。

**11. 龙葵**　俗名"野葡萄"，属茄科一年生杂草，株高 30～40 厘米，茎直立，多分枝、枝开散。基部多木质化，根系较发达，吸水肥力强。植株占地范围广，遮光严重。龙葵喜光，适宜在肥沃、湿润的微酸性至中性土壤中生长。种子繁殖生长期长，在花生田 5～6 月出苗，7～8 月开花，8～9 月种子成熟，植株至初霜时才能枯死，花生全生育期均遭其危害。可用乙草胺等化学除草剂防除。

## 二、农业措施除草

**1. 合理轮作**　轮作换茬，可从根本上改变杂草的生态环境，有利于改变杂草群体、减少伴随性杂草种群密度，恶化杂草的生态环境，创造不利于杂草生长的环境条件，是除草的有效措施之一，尤其是水旱轮作，效果更好。

**2. 深翻土地**　深翻能把表土上的杂草种子较长时间埋入深层土壤中，使其不能正常萌发或丧失生活能力，较好地破坏多年生杂草的地下繁殖部分。同时，将部分杂草的地下根茎翻至土表，将其冻死或晒干，可以消灭多种一年生和多年生杂草。

**3. 施用充分腐熟的有机肥**　有机肥中常混有大量具有发芽能力的杂草种子。土杂肥腐熟后，其中的杂草种子经过高温氨化，大部分丧失了生活力，可减轻危害。所以，施用充分腐熟的有机肥，是防治杂草的重要环节。

**4. 中耕除草**　花生生长前期结合中耕除草，是常用的基本除草方法，是及时清除花生田间杂草、保证花生正常生长发育的重要手段。花生生长后期以手工拔除为主。

## 三、化学除草剂除草

使用化学除草剂防治花生田杂草，能大幅度提高劳动生产率，减轻劳动强度。尤其对地膜覆盖花生田进行化学除草，更能收到较好的防治效果。用于花生田的除草剂种类繁多、各有特点，可根据花生田杂草发生的具体情况选择除草剂品种，在使用过程中严格按照使用说明使用，最好在喷施前先小面积试验，掌握最佳用量，以利于提高药效，防止药害。

**1. 氟乐灵**　氟乐灵乳剂，橙红色。又名茄科宁、氟特力。为进口产品，剂型较多。这是一种选择性低毒除草剂。氟乐灵施入土壤后，潮湿和高温会挥发，光解作用会加速药剂的分解速度导致失效。适用于播前土壤处理和播后芽前土壤处理。主要防除禾本科杂草。其防除杂草的持效期为 3~6 个月。氟乐灵有杀伤双子叶植物子叶和胚轴的能力，在杂草发芽时直接接触子叶或被根部吸收传导，能抑制分生组织的细胞分裂，使杂草停止生长而死亡，具有高效安全的特点。无论露地栽培或覆膜栽培，一定要先播种覆土后再施药覆膜，以免伤苗。严格按照使用说明的标准用药。兑水后均匀喷雾于地表，并及时交叉浅耙垄面，将药液均匀拌入 3 厘米左右的表土层中。氟乐灵对一年生单、双子叶杂草都有较好的防效。对马唐草、蟋蟀草、狗尾草、画眉草、千金子、稗草、碎米莎草、早熟禾、看麦娘等一年生杂草有显著防效。兼防苋菜等阔叶杂草，为了扩大杀草谱，兼治阔叶类杂草，可与灭草猛、赛可津、灭草丹、拉素、农思它等除草剂混用，亩用48%氟乐灵乳油80～120毫升，兑水40～50升后均匀喷雾。

**2. 扑草净**　国产可湿性白色粉剂，剂型较多。这是一种内吸传导型选择性低毒除草剂，对金属和纺织品无腐蚀性；遇无机酸、碱分解；对人、畜和鱼类毒性很低。能抑制杂草的光合作用，使之因生理饥饿而死。对杂草种子萌发影响很小，但可使萌发的幼苗很快死亡。主要防除马唐、稗草、牛毛草、鸭舌草等一年生单子叶杂草和马齿苋等一年生双子叶恶性杂草，及部分一年生阔叶类杂草及部分禾本科、莎草科杂草，中毒杂草产生失绿症状，逐渐干枯死亡，对花生安全。扑草净是一种芽前除草剂；于花生播后出苗前使用，田间持效期40～70天。适用于播前土壤处理和播后芽前土壤处理。亩用80%扑草净可湿性粉剂50～70克，兑水50升后均匀喷雾。严格按照使用说明的标准用药。使用前将扑草净兑水后搅拌，使药粉充分溶解，于花生播种后均匀喷于垄面，随即覆盖地膜。其他措施同氟乐灵。扑草净还可与甲草胺混合使用，效果很好。

注意事项：①药量要称准，土地面积要量准，药液喷洒要喷匀，以免产生药害。②该除草剂在低温时效果差，春播花生可适当加大药量。气温高过30℃时易生药害，因此夏播花生要减少药量或不用。

**3. 灭草丹**　主要防除一年生禾本科杂草及香附子和一些阔叶类杂草，田间持效期40～60天。亩用70%灭草丹乳油180～250毫升，兑水50升后均匀喷雾。其他措施同氟乐灵。

**4. 乙草胺**　又名绿莱利、消草安。乙草胺为50%乳油制剂，是一种旱田选择性低毒性芽前除草剂，对人、畜安全。主要是抑制和破坏杂草种子细胞蛋白酶。单子叶禾本科杂草主要是由芽鞘将乙草胺吸入株体；双子叶杂草主要是从幼芽、幼根将乙草胺吸入株体。被杂草吸收后，可抑制芽鞘、幼芽和幼根的生长，致使杂草死亡。但花生吸收后能很快将其代谢分解，不产生药害而安全生长。主要防除马唐、稗草、狗尾草、早熟禾、蟋蟀草、野藜等一年生禾本科杂草，对野苋菜、藜、马齿苋防效也很好。对多年生杂草无效。在土壤中的持效期为8～10周。

施用方法：乙草胺为芽前选择性除草剂，必须在花生播种后出苗前喷施于地面，覆盖地膜栽培比露地栽培防效高。覆盖地膜栽培的亩用药量50～100毫升，露地栽培的亩用药量150～200毫升，兑水50～75升，搅拌使药液乳化。于花生播种后，整平地面，将药液全部均匀地喷于垄面。地膜栽培的，于喷药后立即覆盖地膜；花生出苗后可与盖草能混合使用喷洒地面，既抑制了萌动尚未出土的杂草，又杀死了已出土的杂草，提高防效。

注意事项：①乙草胺的防效与土壤湿度和有机质含量关系很大，覆盖地膜栽培和沙地用药量应酌情减少，露地栽培和肥沃黏壤土地用药量可酌情增加。②对黄瓜、水稻、菠菜、小麦、韭菜、谷子和高粱等作物敏感，切忌施用。③对人、畜和鱼类有一定毒性，施用时要远离饮水、河流、池塘及粮食饲料等，以防污染。④对眼睛、皮肤有刺激性，应注意防护。⑤有易燃性，储存时，应避开高温和明火。并可与速收混用，扩大杀草谱。

**5. 甲草胺** 又名拉索、草不绿。剂型较多。这是一种播后芽前施用的选择性除草剂，其药效主要是通过杂草芽鞘吸入植物体内而杀死苗株。一次施药可控制花生全生育期的杂草，同时不影响下茬作物生长。对人、畜毒性很小，持效期为2个月左右。主要防除一年生禾本科杂草及异型莎草等。对马唐、狗尾草等单子叶杂草防效较高；对野苋菜、藜等双子叶杂草防效较低。甲草胺是推广花生地膜栽培以来大面积应用的除草剂之一。甲草胺为芽前除草剂，在花生播种后出苗前按覆盖地膜栽培亩用48％甲草胺乳剂150毫升，露地栽培亩用200毫升。用时兑水50～75升均匀搅拌为乳液，充分乳化后喷施。露地栽培的花生播种覆土耙平后至出苗前5～10天均匀喷洒于地面，禁止人、畜进地践踏；覆膜的花生要在播种覆土后立即喷药，药液要喷匀、喷严，要把全部药液喷完，然后覆膜，膜与地面要贴紧、压实，以保持土壤温、湿度。土壤保持一定湿度后，更能发挥其杀草效能，因此施用甲草胺的效果覆膜栽培好于露地栽培。南方花生产区气候湿润可露栽施用。北方气候干燥可覆膜施药。

　　另据试验，对野苋菜、马齿苋、苍耳、龙葵等双子叶阔叶杂草较多的花生田，甲草胺可与除草醚、扑草净等除草剂混用以扩大杀草谱，提高除草率。

　　注意事项：①该乳剂对眼睛和皮肤有一定刺激作用，如溅入眼内和皮肤上要立即用清水洗干净。②能溶解聚氯乙烯、丙烯腈等塑料制品，需用金属、玻璃器皿盛装。③遇冷（低于 0℃）易出现结晶，已结晶的甲草胺在 15～20℃时可再溶化，对药效没有影响。

　　**6. 恶草灵**　又名农思它。为进口产品，剂型较多。

　　（1）作用与效果。恶草灵对人、畜、鱼类和土壤、农作物低毒低残留，施用安全。这是芽前和芽后施用的选择性除草剂。芽前施主要是杀死杂草的芽鞘；芽后施主要是通过杂草地上部芽和叶吸入株体，使之在阳光照射下死亡。主要防除一年生禾本科杂草和部分阔叶类杂草，对马唐、牛毛草、狗尾草、稗草、野苋菜、藜、铁苋头等单、双子叶杂草都有较好的防效，兼治香附子、小旋花等多年生杂草，对多年生禾本科杂草雀稗也有很好的杀灭效果，总杀草率达 94.5%～99.5%。如果土壤湿度条件较好，加大用药量，对白茅草和节节草等多年生恶性杂草，也有很好的防除效果。它在土壤中的持续有效期为 80 天以上。据试验，花生芽前喷施后，在苗期杀草率达 98.1%，开花下针期杀草率达 99.4%。恶草灵在苗后喷施对整株的酢浆草和田旋花（打碗花）特别有效。苗后喷施对禾本科杂草不十分有效。

　　（2）施用方法和注意事项。

　　①施用方法。恶草灵对杂草的防效主要是芽前，因此施药期

应在花生播种后出苗前进行，一般不采取芽后施用。覆盖地膜田块由于保持土壤湿润，杀草效果优于露地栽培。亩施药量，以12%恶草灵乳油150～175毫升，或25%恶草灵乳油75～150毫升为宜。兑水50～75升，在花生播种后、覆膜前均匀喷于地面。

②注意事项。一是恶草灵对人、畜毒性虽小，但切忌吞服。如溅到皮肤上应用大量肥皂水冲洗干净，溅到眼睛里用大量干净的清水冲洗。二是恶草灵易燃，切勿存放在热源附近。三是使用的喷雾器械要充分冲洗干净，才能用来喷施农药。

**7. 金都尔**　又名屠莠胺、杜尔、异丙甲草胺。此为进口的72%异丙甲草胺乳油。金都尔为覆盖地膜花生大面积应用的一种芽前选择性除草剂。

（1）作用与效果。主要通过芽鞘或幼根进入株体，杂草出土不久就被杀死，一般杀草率为80%～90%。对马唐、稗草、藜等一年生单子叶杂草防效达90.7%～99%，对荠菜、野苋、马齿苋等双子叶杂草防效为66.5%～81.4%，金都尔在花生播前施用后的持效期为3个月。花生封垄后对行间的禾本杂草仍有防效，3个月后药力活性自然消失，对后茬禾本科作物无影响。

（2）施用方法和注意事项。

①施用方法。金都尔除草剂在花生播种后、覆膜前地面喷施。亩用量以100～150毫升为宜。沙土地的或覆膜花生栽培用量可少些；露地栽培或土层较黏的地块及旱地可多些，水田地花生可少些。亩用适量除草剂兑水50～75升搅匀后均匀喷施花生地，要均匀地将药液全部喷完。

②注意事项。一是金都尔除草剂易燃，储存时，温度不要过高。二是严格按推荐用量喷药，以免花生产品出现残毒问题。三是无专用解毒药剂，施用时要注意安全。对一年生禾本科杂草有特效，对部分小粒种子的阔叶杂草也有一定效果。亩用72%金都尔120～150毫升。

**8. 除草通**　主要防除一年生禾本科杂草及部分阔叶类杂草。

亩用 33%除草通 150～250 毫升。花生播后芽前除草剂的防除效果与土壤湿度密切相关，土壤湿润时，药剂扩散，杂草萌发齐而快，防除效果好。土壤干旱、墒情差时，药剂不易扩散，防除效果差。因此，在土壤墒情差时，可结合浇水或加大喷水量（药量不变），提高药效。苗后茎叶喷雾。

**9. 速收**　主要防除阔叶类杂草及部分禾本科杂草，亩用50%速收 8～12 克，兑水 50 升，均匀喷于地表。为扩大杀草谱，可与乙草胺、金都尔混用。方法为亩用速收 4 克加乙草胺 80～120 毫升，或金都尔 100～120 毫升。

**10. 高效盖草能**　这是一种芽后选择性低毒除草剂，主要防除一年生和多年生禾本科杂草，对抽穗前一年生和多年生禾本科杂草防除效果很好，对阔叶杂草和莎草无效。

花生 2～4 叶期、禾本科杂草 3～5 叶期施药。防除一年生禾本科杂草，亩用 10.8%高效盖草能 20～30 毫升，喷雾于杂草茎叶。干旱情况下可适当提高用药量。防除多年生禾本科杂草，亩用 30～40 毫升。当花生有禾本科杂草和苋、藜等混生，可与苯达松、杂草焚混用，扩大杀草谱，提高防效。亩用高效盖草能20～25 毫升加克阔乐 10～20 毫升，也可用苯达松 100～150 毫升，可防除多种单、双子叶杂草，其他措施同收乐通。

**11. 收乐通**　主要防除一年生和多年生禾本科杂草，于杂草2～4 叶期施药。亩用 12%收乐通 30～40 毫升，兑水 30～40 升。晴天上午喷雾。

**12. 稳杀得**　主要防除禾本科杂草。亩用 35%稳杀得或15%精稳杀得 50～70 毫升，防除一年生禾本科杂草；亩用 80～120 毫升，防除多年生禾本科杂草。为扩大杀草谱，可与克阔乐或苯达松混用。方法同高效盖草能。

**13. 克草星**　花生田专用除草剂。施药时期为杂草高度 5 厘米以下、花生 2～3 片复叶期。亩用 6%克草星 50～60 毫升。其他措施同收乐通。

**14. 普杀特**　又名豆草唑。系低毒除草剂，为选择性芽前和早期苗后除草剂，适用于豆科作物防除一年生、多年生禾本科杂草和阔叶杂草等，杀草谱广，在花生播后苗前喷于土壤表面，也可在花生出苗后茎叶处理。用药量同乙草胺。在单、双子叶混生的花生田可与除草通或乙草胺混合施用，提高药效。

## 四、塑料薄膜除草

除草药膜是含除草药剂的塑料透光薄膜，是将除草剂按一定的有效成分溶解后均匀涂压或者喷涂至塑料薄膜的一面。在花生播种后，覆盖土壤表面封闭播种行，然后打孔点播或者破孔出苗，药膜上的药剂在一定湿度条件下，与水滴一起转移到土壤表面或者下渗至一定深度，形成药层发挥除草作用。

使用除草药膜，不需喷除草剂，不需备药械，工序简单，不仅省工、除草效果好、药效期长，而且除草剂的残留明显可防除低于直接喷除草剂覆盖普通地膜。

**1. 甲草胺除草膜**　每 100 平方米含药 7.2 克，除草剂单面析出率 80% 以上。经各地使用，对马唐、稗草、狗尾草、画眉草、莎草、藜、苋等杂草的防除效果在 90% 左右。

**2. 扑草净除草膜**　每 100 平方米中含药 8 克，除草剂单面析出率 70%～80%。适于防除花生田和马铃薯、胡萝卜、番茄和大蒜等蔬菜田主要杂草，防除一年生杂草效果很好。

**3. 异丙甲草胺除草膜**　分单面有药和双面有药 2 种。单面有药注意用时药面朝下。对防除花生田的禾本科杂草和部分阔叶杂草效果很好，防治效果在 90% 以上。

**4. 乙草胺除草膜**　杀草谱广，对花生田的马唐、牛筋草、铁苋菜、苋菜、马齿苋、莎草、刺儿菜、藜等，防效高达 100%，是花生田中较理想的一种除草药膜。

**5. 有色膜**　有色膜是不含除草剂、基本不透光的塑料薄膜，有色膜是利用基本不透光的特点，使部分杂草种子不能发芽出土，部分能发芽出土的，不见阳光也不能生长。用于生产的主要有色膜有黑色地膜、银灰地膜、绿色地膜，还有黑白相间地膜等。有色膜除草效果也较好，尤其对防除夏花生田杂草效果突出，据试验，其除草效果达100％。在除草的同时，如银灰膜，还可驱避蚜虫等害虫。黑色膜既可以除草，还可提高地温，增加产量。由于有色膜无化学除草剂，所以无毒无残留，适宜于绿色食品花生和有机食品花生，是可持续发展农业的理想农资。

乙草胺除草膜和有色膜在覆盖时，花生垄必须耙平耙细，膜要与土贴紧，注意不要用力拉膜，以防影响除草效果。

# REFERENCES 参考文献

崔凤高，2009. 花生高产种植新技术[M].第三版．北京：金盾出版社．

吕佩珂，苏慧兰，吕超，2013. 菜用玉米菜用花生病虫害及菜田杂草诊治图鉴[M].北京：化学工业出版社．

孙大容，1998. 花生育种学[M].北京：中国农业出版社．

王铭伦，王月福，姜德锋，2009. 花生标准化生产技术[M].北京：金盾出版社．

王子峰，2008. 彩色花生优质高产栽培技术[M].北京：金盾出版社．

浙江省慈溪市农林局，1991. 慈溪农业志[M].上海：上海科学技术出版社．

浙江省农业志编纂委员会，2004. 浙江省农业志[M].北京：中华书局．

周桂元，梁炫强，2017. 花生生产全程机械化技术[M].广州：广东科学技术出版社．